数学21世紀の７大難問

数学の未来をのぞいてみよう

中村　亨　著

ブルーバックス

●装幀／芦澤泰偉・児崎雅淑
●カバーイラスト／中山尚子
●目次デザイン／中山康子
●図版／さくら工芸社

はじめに

2000年5月、パリで開かれたクレイ数学研究所の集会で、「ミレニアム賞」問題として、7つの数学の問題が発表された。そして、その解決に、1問につき100万ドルの賞金が懸けられた。これは、数学の世界では前代未聞の出来事だ。いったい、どんな問題なのだろう。

問題自体には、リーマンやポアンカレといった大数学者の名前がついた問題がある。かたや、出題（解説）者の方には、ワイルスやウィッテンといった、現代の数学をリードする人たちの名前が見られる。つまりこの7つの問題は、まさに「現代数学の成果と今後の展開を象徴する」問題なのだ。

この本では、この7問を紹介する。しかも、専門家向けでなく、「高校生でもチャレンジできる」ように紹介しようというのだ。

ミレニアム賞問題の7問を、ざっと紹介してみよう。

「リーマン仮説」と「バーチ、スウィンナートン=ダイアー予想」は、「数論」と呼ばれる、数の性質を研究する分野で生まれた問題だ。

「P対NP問題」は、コンピューターで問題を解くことから生まれた問題である。

「ポアンカレ予想」と「ホッジ予想」は幾何学の問題だ。

「ヤン-ミルズ理論」と「ナヴィエ-ストークス方程式」は、物理現象に関係する問題である。それぞれ、量子力学と古典力学（流体力学）の問題だ。

ぱっと見ると、「リーマン仮説」と「ポアンカレ予想」という、数学の未解決問題の両横綱が選ばれているのは納得できるとしても、残りの5問が選ばれたことには、皆が納得する理由はないという気がする。しかしよく考えていくと、この7問は、現代数学の様々な分野とつながっている。だからこそ、解決することが難しかったのかもしれない。

この7問のいずれを解くにも、いままでの発想にとらわれない革新的なアイディアが必要であろう。ならば、ミレニアム賞問題の解決を通じて、私たちは数学の新たな世界を目撃することになるはずだ。

そういう意味では、ミレニアム賞問題は21世紀の数学のチャレンジに、正にふさわしい問題だということができるだろう。

ブルーバックス出版部の強い希望もあって、この本では、専門家向けでなく「高校生でもチャレンジできる」ように、問題の全体のイメージをつかんでもらうことを最優先に解説した。そのため、話の筋やイメージしやすさが優先されて、数学的な厳密性はかなり犠牲になっている。例えば、本文中で示した事実が成り立つためには、いろいろと仮定が必要な場合でも、とりあえずそのような仮定を省いた場合がある。また、ある事実が成り立つことの説明でも、すべての場合に正しいとは限らないが、理解しやすいということでその説明を採用した場合がある。

少し勉強すると、本書の記述の厳密性が犠牲になっている部分に気がついたり、もっと詳しいことを知りたいと思ったりするようになるだろう。その日が、吉日である。ぜひ、いろいろな数学書を繙《ひもと》いて欲しい。本書を執筆するにあたって参考とした文献を巻末にまとめたので、参考になれば嬉しい。しかし、数学の良い（つまり、判り易くて内容の優れた）本はごまんとある。そして、本の方では、あなたの積極的なアプローチを待っているのだ。

先にも触れたが、この本が少しでも読みやすいとすれば、それは、ブルーバックス出版部の梓沢さんのお陰である。お陰と言えば、著者をブルーバックス出版部に紹介してくれた高校の同級生、茂木健一郎氏がいなければ、この本は生まれなかったわけだ。また、家族にも感謝したい。もちろん、数学の本が書けたのは、大学時代の先生、先輩、後輩、同級生の方々のお陰である。他にも、お礼をしなくてはならない方は大勢いるが、これくらいにしておこう。

しかし、著者が最もお礼を申し上げたいのは、この本を手に取って下さったあなただ。どうぞ、気楽にページをめくっていただきたい。そして、楽しんでいただければ、著者は望外の幸せである。

もくじ

リーマン仮説

G. F. B. リーマン（1826–1866）

ベルンハルト・リーマン（1826〜1866）ほど、人を惹《ひ》きつける数学者もいない。彼が40年の短い生涯の間に成し遂げた素晴らしい数学上の業績を前にすると、天才とはどんなものかがなんとなく判るような気がする。そして、彼の残した予想＝「リーマン仮説」に挑戦することで、天才に一歩でも近づきたいと思う人があとをたたず、プロ、アマ問わず「リーマン仮説」の解決を目指す人は、多い。

リーマン仮説は、150年もの間、人々に秘密を明かされることを拒み続けている。真にミレニアム賞問題にふさわしいと言えよう。

リーマン仮説とは、（リーマンの）ζ（ゼータ）関数の性質に関する、次の予想のことである。（通常、「リーマン予想」と呼ばれるが、本書では英語（hypothesis）にならって、「リーマン仮説」と呼ぶことにする）

リーマン仮説

ξ（ゼータ）関数の零点（値が0（ゼロ）になる点）は、$-2k$（$k=1, 2, \cdots$）の他は、すべて実部が1/2である。

ゼータ関数は複素数の関数だ。複素数は平面上の点として表すこともできるが、ゼータ関数を x-y 平面上の関数として説明すると、関数の零点（値がゼロになる点）は、x 軸上にある $x=(-(\text{偶数}))$ の点以外は、$x=1/2$ の直線の上にあるだろうという事を、リーマン仮説は主張している（**図1**）。

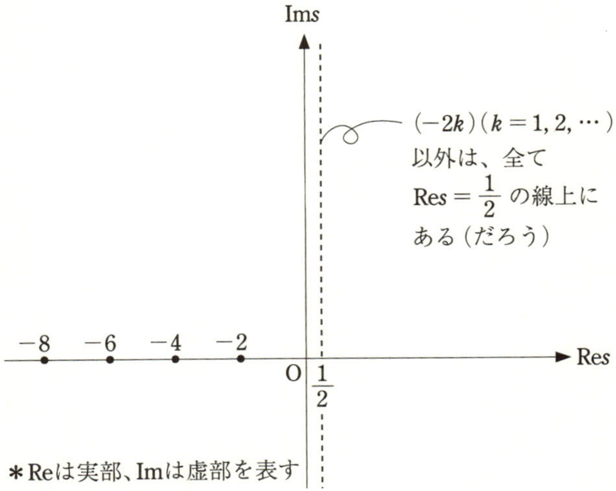

図1　ゼータ関数の零点

ゼータ関数と自然数の逆数の *s* 乗の和

ゼータ関数は複素数を変数とする関数である。(だから、平面の上の関数だと思えば良い)

だが、これをすべての複素数 s に通用するような一つの式で書くことはできない。しかし、例えば s が 1 より大きい実数のときは、$\zeta(s)=$(自然数の逆数の s 乗の和) となる。つまり、

$$\zeta(s)=1+\frac{1}{2^s}+\frac{1}{3^s}+\cdots+\frac{1}{k^s}+\cdots=\sum_{n=1}^{\infty}\frac{1}{n^s} \tag{1}$$

である。

$s=2$ のときは判り易いので計算してみよう。

このときは次の不等式が役に立つ。

$$\frac{1}{k^2}<\frac{1}{k(k-1)}=\frac{1}{k-1}-\frac{1}{k}$$

これを使うと、とても楽しい計算になる。例えば、第 4 項まで足してみよう。

$$1+\frac{1}{2^2}+\frac{1}{3^2}+\frac{1}{4^2}<1+\frac{1}{1\cdot 2}+\frac{1}{2\cdot 3}+\frac{1}{3\cdot 4}$$

$$=1+\left(\frac{1}{1}-\frac{1}{2}\right)+\left(\frac{1}{2}-\frac{1}{3}\right)+\left(\frac{1}{3}-\frac{1}{4}\right)=2-\frac{1}{4}=1\frac{3}{4}$$

同じようにして、

$$1+\frac{1}{2^2}+\frac{1}{3^2}+\cdots+\frac{1}{(n-1)^2}+\frac{1}{n^2}<1\frac{n-1}{n}$$

が判る。nを無限大にすれば、右辺は2になる。左辺は、nが増加するとどんどん増えるが、常に2より小さいことになるので、2以下のどこかの数字に収束する。結局、自然数の逆数の2乗の和、つまり、$\zeta(2)$ は有限の値を持つ。ただし、この方法ではこれ以上詳しく値を求めることはできない。

ヤコブ・ベルヌーイ(1654～1705)も、自然数の逆数の2乗の和が有限なことは知っていたが、正確な値は判らず、ヤコブがスイスのバーゼルに住んでいたことから「バーゼル問題」と呼ばれるようになった。

この正確な値を、$\pi^2/6$と求めたのは、オイラー（1707～1783）である。彼は19歳までバーゼルに住んでベルヌーイ家の人々（ヤコブの弟ヨハンやその子供ダニエルなど）からそれまでの数学の成果を受け継いだ。

逆数の2乗の和は有限の値になるので、2以上の自然数kについても、自然数の逆数のk乗の和、つまり$\zeta(k)$は有限の値になることが判る。オイラーは、偶数のkについて、自然数の逆数のk乗の和の値、つまり$\zeta(k)$を求めている。例えば、

$$\zeta(4)=\sum_{n=1}^{\infty}\left(\frac{1}{n}\right)^4=1+\frac{1}{2^4}+\frac{1}{3^4}+\cdots+\frac{1}{n^4}+\cdots=\frac{\pi^4}{90}$$

$$\zeta(6)=\sum_{n=1}^{\infty}\left(\frac{1}{n}\right)^6=1+\frac{1}{2^6}+\frac{1}{3^6}+\cdots+\frac{1}{n^6}+\cdots=\frac{\pi^6}{945}$$

・・・

さらに1744年には、

$$\zeta(26)=\sum_{n=1}^{\infty}\left(\frac{1}{n}\right)^{26}=1+\frac{1}{2^{26}}+\frac{1}{3^{26}}+\cdots+\frac{1}{n^{26}}+\cdots=\frac{2^{24}\times 76977927\pi^{26}}{27!}$$

と求めている。ただし、27！＝1×2×…×27 である。

これらの値を見て判るように、偶数の k について $\zeta(k)$、すなわち自然数の逆数の k 乗の和は、円周率の k 乗に有理数がかかった数になる。これは、覚えていて損はないと思う。

しかし、k が奇数のときは正確な値を求めることは難しい。

例えば、$k=3$ のときの値を積分を使って表すことはオイラーにもできたが、実は正確な値（よく判っている数の四則演算で表すこと）はいまだに判っていない。それどころか、無理数であることでさえ、やっと 1978年にアペリーによって示されたところだ。$k=5, 7, 9, \cdots$ については、無理数であることさえ証明されていない。$\zeta(5), \zeta(7), \zeta(9)$ の周りには、いまだに深い霧が漂っている。

ζ(1)はいくつか？

$\zeta(1)$ はいくつだろうか。

$\zeta(1)$ は自然数の逆数の和になる。つまり、

$$\zeta(1)=\sum_{n=1}^{\infty}\frac{1}{n}=1+\frac{1}{2}+\frac{1}{3}+\cdots+\frac{1}{n}+\cdots \qquad (2)$$

これは、無限大になる。例えば、次のように考える。

まず、最初の 1/4 までの和を考えると、1/3 は 1/4 より大きいから、

$$1+\frac{1}{2}+\frac{1}{3}+\frac{1}{4}>1+\frac{1}{2}+\frac{1}{4}+\frac{1}{4}=2$$

次に、1/16 までの和を考えてみると、

$$1+\frac{1}{2}+\frac{1}{3}+\frac{1}{4}+\frac{1}{5}+\frac{1}{6}+\frac{1}{7}+\frac{1}{8}+\frac{1}{9}+\frac{1}{10}$$
$$+\frac{1}{11}+\frac{1}{12}+\frac{1}{13}+\frac{1}{14}+\frac{1}{15}+\frac{1}{16}$$
$$>2+\frac{1}{5}+\frac{1}{6}+\frac{1}{7}+\frac{1}{8}+\frac{1}{9}+\frac{1}{10}+\frac{1}{11}+\frac{1}{12}+\frac{1}{13}+\frac{1}{14}+\frac{1}{15}+\frac{1}{16}$$
$$>2+\frac{1}{8}+\frac{1}{8}+\frac{1}{8}+\frac{1}{8}+\frac{1}{16}+\frac{1}{16}+\frac{1}{16}+\frac{1}{16}+\frac{1}{16}+\frac{1}{16}+\frac{1}{16}+\frac{1}{16}=3$$

といった調子で、(2)式は、どんな自然数よりも大きくなることが示せる。(n より大きくしたければ、$1/2^{2(n-1)}$ まで足せばよい)

つまり $\zeta(1)$ は無限大になってしまうのだ。

$\zeta(1)$とオイラー

オイラーは $\zeta(1)$ の値が無限大である事を使って、「素数が無限にある事」を1737年に示した。素数が無限にあるという事実は、ユークリッドの原論にも書いてある。

まず、オイラーは次の等式が成り立つ事を発見した。

$$1+\frac{1}{2}+\frac{1}{3}+\cdots+\frac{1}{n}+\cdots\text{(自然数 }n\text{ にわたる和)}$$

$$=\frac{1}{1-\frac{1}{2}}\times\frac{1}{1-\frac{1}{3}}\times\frac{1}{1-\frac{1}{5}}\times\cdots\times\frac{1}{1-\frac{1}{p}}\times\cdots\text{(素数 }p\text{ にわたる積)} \quad (3)$$

(3)式は、「いったい何だ？」と思われただろうか。

謎解きをしよう。(ただし、左辺は無限大になることを説明したばかりだから、(3)式は本来ナンセンスだ。正確には、s を 1 より大きい数として、n や $p, 2, 3, 4, \cdots$ を、n^s や p^s, $2^s, 3^s, 4^s, \cdots$ にすべきである。しかし、$s=1$ とすれば判りやすいし本質は損なわれないので、以下それで説明する)

まず、r を 1 より小さい実数として、次の等比級数の公式を思い出そう。両辺に $(1-r)$ をかければ正しいことがすぐ判る。

$$1+r+r^2+r^3+\cdots+r^n=\frac{1-r^{n+1}}{1-r} \quad (4)$$

(4)式で n をどんどん大きくすると、r^{n+1} はいくらでも 0 に近づくから、次が成り立つ。

$$1+r+r^2+r^3+\cdots+r^n+\cdots=\frac{1}{1-r} \quad (5)$$

この(5)式で、$r=1/2, 1/3, 1/5, \cdots$ として、オイラーの等式(3)の右辺の因数を書き下すと、

$$\frac{1}{1-\frac{1}{2}}=1+\frac{1}{2}+\frac{1}{2^2}+\frac{1}{2^3}+\cdots+\frac{1}{2^n}+\cdots$$

$$\frac{1}{1-\frac{1}{3}}=1+\frac{1}{3}+\frac{1}{3^2}+\frac{1}{3^3}+\cdots+\frac{1}{3^n}+\cdots$$

$$\frac{1}{1-\frac{1}{5}}=1+\frac{1}{5}+\frac{1}{5^2}+\frac{1}{5^3}+\cdots+\frac{1}{5^n}+\cdots$$

・・・

(3)式の右辺は、これらの左辺をかけ合わせたかたちになっている。ということは、(3)式の右辺は、これらの右辺を全部かけ合わせたものだ。さて、オイラーの等式(3)のからくりが判っただろうか？

自然数nを素因数分解して、例えば、$n=2^i3^j5^k$となっていたとすると、$1/n=(1/2^i)\times(1/3^j)\times(1/5^k)$となるが、この項が右辺を全部かけ合わせた中にただ1回だけ現れるというのが、オイラーの等式(3)の意味なのだ。

nの素因数分解に、2，3，5以外の他の素数が出てきても同じ事だ。つまり、(3)式は、自然数がただ一通りに素因数分解できるという事の、言い換えなのである。

ζ関数と素数の秘密

素数は、無限個ある。そのことを示すために、素数が有限個だと仮定してみよう。すると(3)式の右辺は有限個の数のかけ算になり、値は有限である。しかし、左辺の自然数の逆数の和は無限大になるから矛盾している。なんで、こうなったかと考えるに、素数が有限個だと思ったのが間違いだったとしか考えられないから、素数は無限個あると考えざるを得ない。

しかし、素数が無限個ある事を示すだけなら、(3)式は大袈裟ではないか。(3)式を示す労力に比べると、その結論が「『素数は無限個だ』というだけじゃねえー」と、思ったあなたはとても鋭い！　オイラーは(3)式を使って実は次のことも示している。

「素数の逆数の和は無限大である」

自然数の逆数の和は無限大だったが、素数だけ選んで逆数の和をとっても無限大なのである。オイラーでなくては示せなかった事実である。

オイラーは(3)式を、

$$\prod_{\substack{\text{全ての素数}p\text{について}\\\text{かけ合わせる}}} \left(1-\frac{1}{p}\right)^{-1} = 1+\frac{1}{2}+\frac{1}{3}+\cdots+\frac{1}{n}+\cdots = \log\infty \qquad (6)$$

と書いて、両辺の対数をとることにより、

$$\sum_{\substack{\text{全ての素数}p\text{について}\\\text{足し合わせる}}} \frac{1}{p} = \log\log\infty \qquad (7)$$

が得られるとしている。(6)式も(7)式もオイラーの表現のままなので、今となっては厳密な式ではない。しかし、オイラーがどのように考えたかを、$\log(x)$ のテイラー展開などを使って推測してみてほしい。

なお、(7)式に対応する現代の結果としては、

$$\sum_{\substack{x\text{より小さい全ての素数}p\\\text{について足し合わせる}}} \frac{1}{p} \sim \log\log x$$

が知られている。「〜」は、x が大きくなると、両辺の比が１に近づく（収束）することを表す記号である。

ここまでの話から、自然数の逆数の k 乗の和は素数の秘密を握っていそうである。そこで自然数の逆数の k 乗の和を突き詰めて考え、それが、「ゼータ関数」と呼ばれるものが変装した姿であることを見抜いたのが、「リーマン仮説」を言い出した人、リーマンに他ならない。

ζ関数のオイラー積

「自然数の逆数の s 乗の和」は、これまでの話では、s が２以上の自然数のときは有限の値を持っていたが、s が１のときは値が無限大になってしまう。実は、s が１より大きい実数（実部が１より大きい複素数 s なら良い）なら、「自然数の逆数の s 乗の和」は有限の値を持つ。

リーマンは、「自然数の逆数の s 乗の和」が、実はある複素数の関数の、変数 s の実部が１より大きい場合の表現だったことを見抜いた。彼はこの複素数の関数をギリシャ文字のゼータを使って $\zeta(s)$ と表し、それ以来ゼータ関数というと、普通は彼が考えた関数を指すようになった。1859年のことだった。

ところで、(3)式は、このままでは「無限大＝無限大」という等式なので、無意味だ。しかし、s を１より大きい実数

（実部が1より大きい複素数 s なら良い）とすると両辺は有限の値となり、次の式は意味を持つ。（証明は、$s=1$ の場合と同様）

$$1+\frac{1}{2^s}+\frac{1}{3^s}+\cdots+\frac{1}{n^s}+\cdots\text{（自然数}n\text{にわたる和）}$$

$$=\frac{1}{1-\frac{1}{2^s}}\times\frac{1}{1-\frac{1}{3^s}}\times\frac{1}{1-\frac{1}{5^s}}\times\cdots\times\frac{1}{1-\frac{1}{p^s}}\times\cdots\text{（素数}p\text{にわたる積）}$$

つまり、次の式が成り立つ。

$$\zeta(s)=1+\frac{1}{2^s}+\frac{1}{3^s}+\cdots+\frac{1}{k^s}+\cdots=\underbrace{\prod_{\substack{\text{全ての素数}p\text{について}\\\text{かけ合わせる}}}\left(1-\frac{1}{p^s}\right)^{-1}}_{\zeta\text{（ゼータ）関数の「オイラー積」}} \qquad (8)$$

(8)式の右辺の無限個の数のかけ算を、ζ（ゼータ）関数の「オイラー積」という。(8)式は s は1より大きい数（実数、または、実部が1より大きい複素数 s なら良い）のときだけ、意味がある。

ζ 関数は、1以外の複素数について有限の値を持つ

「オイラー積」で $s=1$ とすると無限大になり、$\zeta(1)$ は無限大だった。$\zeta(-1)$，$\zeta(-2)$，…，はどうなるだろうか。

ζ 関数の式(1)で $s=-1$ とすれば、

$$\zeta(-1)=\text{自然数の逆数の}(-1)\text{乗の和}=\text{自然数の和}$$
$$=1+2+3+\cdots+k+\cdots$$

である。最後の和は無限大になる。

実は、$\zeta(-1)=-1/12$ が導き出されている。これが、ζ 関数は複素数の関数で、自然数の逆数の s 乗の和が考えられない（値が無限大になったりして定まらない）s についても、ζ 関数は考えることができるという意味である。

ところで、最近、自然が、

$$(\text{自然数の和})=-\frac{1}{12}$$

という事実を使っているらしいという事が物理学の分野で発見されたそうだ。つまり自然は、次の等式を使っているらしいのだ。この場合の「＝」は、人間には理解できない等号である。

$$1+2+3+\cdots+n+\cdots\text{「}=\text{」}\zeta(-1)=-\frac{1}{12}$$

これは、ゼータ関数の方が自然な存在で、「自然数の逆数の s 乗の和」の方は、人間をあざむく仮の姿だという事を示している。そして、自然にとってはゼータ関数を「オイラー積」で表現することは常に可能らしい。例えば、自然にとっては次の等式は正しいもののようだ。ここでも、人間には理解できない等号を、「＝」で表す。奇妙さを味わってほしい。

$$1+2^2+3^2+\cdots+n^2+\cdots\text{「}=\text{」}\zeta(-2)=0$$

$$1+2^3+3^3+\cdots+n^3+\cdots\text{「}=\text{」}\zeta(-3)=\frac{1}{120}$$

・・・

ゼータ関数はなんとなく無理矢理作った物のように思えるかもしれないが、そうではなくてゼータ関数こそが自然なのだ。

もっとも、オイラーは驚いたことに、$\zeta(-1)$, $\zeta(-2)$, $\zeta(-3)$ の値をオイラー積から正しく求めていた。つまり、オイラーには「＝」が理解できたのだ。呆《あき》れるしかない。

なお、$\zeta(1)$ は無限大である。また、先に、$\zeta(3)$、$\zeta(5)$ などの、1より大きい奇数 k についての $\zeta(k)$ の値はいまだに判らないという話をしたが、有限の値であることは判っている。これに対して、負の整数 k に対して $\zeta(k)$ の値を求める公式が存在する。それによると、

・ $\zeta(-2)=\zeta(-4)=\zeta(-6)=\cdots=\zeta(-$(偶数)$)=0$
・ $\zeta(-$(奇数)$)$はベルヌーイ数と呼ばれる、数学でよく登場する一群の数を使って書き表せる。

また、$\zeta(0)=-1/2$ である。

ζ 関数の関数等式

上に出てきた、$\zeta(-1)$、$\zeta(-2)$、$\zeta(-3)$ の値はオイラーが既に求めていたが、オイラーはさらに次の事実を主張した。

自然数の逆数の s 乗の和	← 〈関係がある〉 →	自然数の逆数の $(1-s)$ 乗の和

ここで、「関係がある」というのは、「等しい」と言っているわけではない。しかし、「『s 乗の和』が判れば『$(1-s)$

乗の和』が判る」とオイラーは言うのである。でも、$s>1$ とすると、上の左側の□は有限で、右側の□は無限で変ではないか。しかしその場合、「関係がある」という部分で上手《うま》く「無限」が吸収される、とオイラーは主張したが、それを当時の数学で正当化する事はできなかった。

リーマンは、オイラーの主張を、「自然数の逆数の s 乗の和」でなく $\zeta(s)$ についての主張と捉え、次の関係式を発見した。これは、「リーマンの関数等式」と呼ばれる、大変重要な式である。

$$\zeta(1-s)=\zeta(s)\times 2\times(2\pi)^{-s}\times\Gamma(s)\times\cos\left(\frac{\pi}{2}s\right) \qquad (9)$$

オイラーの主張も実質的に同じなのだが、「自然数の逆数の s 乗の和」の間の関係式だと考えると、「怪しく」なってしまう。

しかし、ゼータ関数という、「自然数の逆数の s 乗の和」の本当の姿を見つけると、ゼータ関数の関係式として、オイラーの主張は正しい。あるいは、この関係式が成り立つ関数を探して、リーマンは「自然数の逆数の s 乗の和」の正体を見破り、ゼータ関数を発見した、というのが正しいのだろう。

「リーマンの関数等式」(9)について、この本ではこれ以上詳しく説明することはできないが、登場人物だけは説明しよう。

・cosは説明は不要かもしれないが、「コサイン」と読み余弦関数を表す。

・$\Gamma(s)$ は「ガンマ関数」と呼ばれる関数で、s が自然数のとき、

$$\Gamma(s)=1\times2\times\cdots\times(s-1)=(s-1)!$$

となり、$(s-1)$ の階乗だから、$\Gamma(s)$ は階乗を一般化したものだ。s はどんな複素数でも良いのだ。これは、いろいろなところに顔を出す、とても大事な関数の一つである。($\Gamma(1)=0!$ は、普通 1 と約束する。というのは、こうすると、いろいろなところでつじつまが合ってくれるからだ)

リーマン仮説とは

ここで、ゼータ関数の値について、少しまとめる。

・$\zeta(1)$ は無限大、他の点では無限大にならない。
・$\zeta(-(偶数))$ はみんなゼロ。

複素関数の専門用語を使うと、

・$\zeta(s)$ は複素平面全体で定義された有理型関数で、
・第一の事実は $\zeta(s)$ が $s=1$ で唯一の極を持つという事、
・第二の事実は、$s=-(偶数)$ が、$\zeta(s)$ の零点(値が 0 になる点)だという事だ。

リーマンは、さらに残りの零点の実部は、全て 1/2 である事を主張した。

これが、リーマン仮説である。

この仮説を提示した論文の中で、彼は「きわめて確からしい」と述べるに止《とど》まっていて、証明されるべきではあるが、

証明しようとしたがあまり上手くいかなかったし、研究の目的には差し当たり関係ないから証明には手をつけない、という事を書いている。

先の関数等式(9)は、ゼータ関数の $(1-s)$ での値と、s での値との関係である。これは、$s=1/2$ を対称の中心とする点対称の関係である。このあたりに、リーマン仮説に 1/2 が登場する秘密がある。

リーマンは何をしたかったのか

ゼータ関数が述べられ、リーマン仮説の述べられた論文の題名は、『与えられた大きさ以下の素数の個数について』である。リーマンは、ゼータ関数の研究を通じて何をしようとしていたのか？

正の数 x を考えたとき、x より小さい素数の個数を考えてみよう。例えば、10以下の素数は、2, 3, 5, 7 の 4 個である。実数 x に対して、x 以下の素数の個数を $\pi(x)$ と書くと、$\pi(10)=4$ である。さらに、$\pi(100)=25$、$\pi(1000)=168$ である。興味と時間があったら確かめてほしい。

x を増やしていくと、素数はある数のところでポコッと出現するので、この個数 $\pi(x)$ を x の簡単な式で表すことはできないと思われる。そこで、x をどんどん大きくしていったときに個数がどのように増えていくか、という事が研究された。例えば、$\pi(10)$、$\pi(100)$、$\pi(1000)$ と求めてみると、素数が出現する頻度はだんだん減っていくように見える。しかし、素数は無限個あるから、決して出現しなくなる事はない。x をどんどん大きくすると、$\pi(x)$ はどうなるだろうか。

ガウスも15歳の頃、この事に大いに興味を持った。ガウスの論文をまとめた全集には、例えば、$10^6=1000000$ から1100000までの間に7210個の素数がある事が記されているそうだ。手のすいた時間を使って少しずつ既に出版された数表をチェックしたそうだが、計算機のない時代のことであり、楽ではなかったろう。

その結果、ガウスは、正の実数 t のあたりでは、素数が自然数の中にだいたい密度 $1/\log(t)$ で出現している事を見抜いた(log は自然対数で、電卓やパソコンの表計算ソフトなどでは ln を使う事が多い)。例えば先の例だと、1000000から1100000までの100000個の自然数の中に7210個の素数があるから、その密度は0.0721となる。これは、

$1/\log(1050000)=0.072127\cdots$ にとても近い。

この密度が積み重なって $\pi(x)$ になるのだから、$\pi(x)$ は、「$1/\log(t)$ を 2 から x まで積分したもの」に近いだろうと予想した。つまり、「x が無限大になるにつれ、$\pi(x)$ とこの積分の値の比が、1にいくらでも近づく」と、予想した。

この積分は $x/\log(x)$ に近く、x を無限大にすると、この積分と $x/\log(x)$ の比は 1 になるから、「$\pi(x)$ と $x/\log(x)$ が、x を無限大にするにつれ等しくなる」と言っても同じ事だ。

つまり、グラフ用紙に $\pi(x)$ と $x/\log(x)$ のグラフを描いて、これをものすごく遠くからボーッと眺めるとこの2つの曲線が重なって見える、という事である。

いくつかの x について、ここで出てきたいろいろな数を**表**にしておくので、上の予想を感じてほしい。

x	$\pi(x)$	$1/\log(t)$ を2から x まで積分した値	$x/\log(x)$
100	25	29.…	21.…
1000	168	176.…	144.…
10000	1229	1245.…	1085.…
10^5	9592	9628.…	8685.…
10^6	78498	78626.…	72382.…
10^7	664579	664917.…	620420.…
10^8	5761455	5762208.…	5428681.…

『現代数学の流れ2（岩波講座現代数学への入門第20巻）』より

表では、10^8 まで計算しているが、もっと x が大きくなると2つのグラフは離れていってしまうかもしれない。この予想が正しいかどうかはきちんと論証で証明しなくてはならない。結局、ガウスにはこの予想を証明できなかったのだが、リーマンはこの予想が正しい事を証明しようとして、ゼータ関数を研究したのだ。

しかし、結果的には、リーマンは、目が良すぎた。見えすぎた男だった。ボーッと眺められなかったのだ。

リーマン仮説を述べた（そして、証明は保留した）部分の後で、リーマンは、明示公式といわれる公式を示している。この公式が、リーマンのこの論文の主題なのだが、これは、$\pi(x)$ と、「$1/\log(t)$ を2から x まで積分した値」との、差に関する式である。もちろんこの2つの値が等しいかどうかを知るためには、差を知る事が大事だ。しかし、後に判ったのだが、この2つの値が、xが大きくなるにつれて等しくなる事(証明されてからは「素数定理」と呼ばれるようになった)を示すためには、リーマン仮説は詳しすぎる内容を主張していた。素数定理のためには、実部が1以上であるsについて$\xi(s)$が0にならない事さえ判れば良かったのだ。ゼータ関数がゼロになる点の場所を、(リーマン仮説のように)詳しく知らなくても良かった。そこまで知ってしまうと、実はこの2つの値の差についての、ある意味で究極的な情報が得られる事が、後に発見されている。リーマンの天才をもってしても、彼の「見えすぎる目」には追いつけなかったのだ。

リーマン仮説が生まれてから

リーマンの論文が発表されたのは、1859年だ。それから150年近く経つのだが、その間数学者は何をしていたのか?いくらリーマンが「見えすぎた男」だったとしても、150年近く経てば何か判りそうなものではないか。そう、数学者は別にサボったわけではなく、関連するいろいろな事が判ってきた。そのうちのいくつかを見てみよう。しかし、リーマンの目は余程良すぎたらしく、肝心のリーマン仮説はミレニアム賞問題になってしまった。

(1) リーマンの研究の内容を正しく理解するのに時間がかかった

リーマン仮説自体もそうだが、先の明示公式の証明についても、リーマンは完璧な証明を持っていて発表したわけではなかったようだ。この論文は、全部で8ページしかなく、要点が述べられているに過ぎない。フォン=マンゴルトやハーディーの研究によりリーマンの論文の内容が確実なものとなるには、50年以上を要した。

今はインターネットで元のドイツ語の論文（の復刻版）をダウンロードする事ができるし、その日本語訳も『リーマン予想』（鹿野健編著、日本評論社）に注釈付きで収められているので、是非、直接リーマンに触れてほしい。

リーマンは、ゼータ関数の零点について、もっと研究を進めていたことも後に発見されている。彼は、ゼータ関数についての別の表現式を発見していた。これは、1932年にリーマンの遺稿を解読したジーゲル（彼はリーマンがもっと研究を進めていたに違いないとにらんで、リーマンのいたゲッティンゲン大学に探しに行った）の名前も合わせて、リーマン-ジーゲルの公式と呼ばれている。

リーマン-ジーゲルの公式は、ゼータ関数の零点を探すのに非常に役に立ち、計算機で零点を見つけてリーマン仮説が正しいかどうかの検証（素数定理の話といっしょで、それでは証明にはならないが）にも、利用されている。リーマン自身はこの式を使って、ゼロになる虚部がもっとも小さい点を、

$$\frac{1}{2}+i(14.14\cdots)$$

と求めている。現在、計算機を使って求めた値は、

$$\frac{1}{2}+i(14.13472514\cdots)$$

だそうであり、計算機のなかった事を考えると、リーマンの

凄《すご》さが判る。ただし、i は虚数単位である。

なお、リーマンが証明しようとした素数定理については、1896年にアダマールと、ドゥ・ラ・ヴァレー＝プーサン（これは一人の人の名字である）が独立に証明した。

(2) リーマン仮説と同値ないろいろな命題が見つかった

これまでの研究で、リーマン仮説と同値な命題がいろいろ見つかっている。その中にはリーマン仮説がそうであったように、素数についての性質に関する命題もあれば、物理的な現象についての命題もある。しかし、それらは、その命題が考えられたそれぞれの世界でのとても深い事柄を述べており、決してリーマン仮説より簡単というわけにはいかないようだ。というわけで、どれをとっても説明するのはリーマン仮説ぐらい、あるいはもっと話が長くなるので、ここでは触れない。

(3) ゼータ関数のいろいろな仲間が見つかった

オイラーが考えたのは、「自然数の逆数の k 乗の和」だったが、リーマンが活躍する少し前に、ディリクレが、「ディリクレ級数」と呼ばれる数列の和を考え出した。これも、ゼータ関数と同様に、エル（L）関数というすべての複素数に対する関数の変身した姿だった事が明らかになった。

この関数は、ゼータ関数の兄弟みたいなもので、いろいろ共通点がある。零点のうち、簡単には判らない点の実部は 1/2 だろう、というリーマン仮説に対応する予想もある。

ディリクレ級数が考え出された目的は、互いに素な自然数 a と n（つまり a と n の最大公約数が 1 であるということ）

に対して、次の数列に素数が無数に含まれる事を示すためだった。これは、素数が無数にあるという事をより詳しく述べている。これを算術級数定理という。

$$a+n,\ a+2n,\ a+3n,\ \cdots,\ a+kn,\ \cdots$$

その後、ゼータ関数やエル関数の話で出てきた、「自然数の逆数の k 乗の和」の中の「自然数」を、他の「何かの大きさ」に置き換える事で、いろいろなゼータ関数の仲間が作られることが判ってきた。

例えば、数の世界から飛び出して「多項式の「大きさ」」にしたコルンブルムの考え出した関数がある。（彼は、若くして第一次世界大戦で戦死し、彼の研究内容は死後、公表された）

そして、この仲間で究極のものが、「合同ゼータ関数」と呼ばれる関数だ。その性質はアンドレ・ヴェイユ（妹のシモーヌ・ヴェイユの方を知っている人も多いだろう）によって予想され、これを証明するためにグロタンディークを中心として、「幾何学」というものについて、それまでの考え方を大きく作り変える事が行われた。最も難しかったのは、「合同ゼータ関数」も、リーマン仮説のタイプの性質を持つという事だったが、これは1970年代前半に、グロタンディークの弟子だったドゥリーニュによって証明された。

また、セルバーグなどが「（閉）曲線」のゼータ関数を考え出した。これは、例えば、あなたがこの本を読んでいる、今、その場所をなぜタイムマシンが通らないのか、という事についての情報も含んでいるかもしれないのだ！

フェルマー予想の解決の鍵も、一見関係なさそうに見える

２つの種類のゼータ関数が、実は同じものだったという事を示す事にあったのが記憶に新しい。ゼータ関数の仲間は、それぞれの生まれた世界の情報を非常に豊富（全部と言っても過言ではないし、さらに他の世界との繋がりの情報も含んでいるとも言える）に含んでおり、これらを研究する事は大変重要な事なのである。他のミレニアム賞問題のうちの一つである「バーチ、スウィンナートン＝ダイアー予想」も、そんなある種のゼータ関数の性質についての予想だ。

(4) リーマンのゼータ関数自体について詳しく研究できるようになった

特に、リーマンのゼータ関数の零点を、具体的に求めることが詳しく行われている。これには、第二次世界大戦のために開発されたある物、つまりコンピューターが、とても大きな役割を果たしている。コンピューターが発明されたからこそ、このような研究が可能になったと言える。

その結果、虚部の絶対値の小さい（ゼータ関数を x-y 平面の関数として説明すると、y 座標の絶対値の小さい）方から数えて、例えば1986年には、(30億＋2) 個の零点は、実際に実部（ゼータ関数を x-y 平面の関数として説明すると、x 座標）が、すべて 1/2 であることが判っている。だからといってリーマンの仮説が正しいとは全く言えないのだが、正しいに違いないという思い込みにとっては、頼もしい味方である。

1973年には、信じられない事がモンゴメリによって発見された。どうやら、ゼータ関数の零点の並び方が、ある物理学で重要な種類の行列の固有値の並び方と同じらしいのだ

(「行列」とか「固有値」についてはここでは説明しない)。1999年以降、他のゼータ関数についても、同様の事実が発見されてきている。

ゼータ関数が作用素の行列式になる、というのはいろいろな仲間で確かめられている事である。そして、固有値は行列式の零点である。しかし、そもそものリーマンのゼータ関数をある作用素の行列式で表すことができるのかどうかは、判っていない。

また、実部が1/2と1の間の領域で、ゼータ関数はほとんどあらゆる値(複素数)をとる事(値域が稠密《ちゆうみつ》)が20世紀の初めボーアによって発見されている。この話は1970年代になって発展し、1980年代には、ゼータ関数はこの領域で、どんな関数(正則関数)を持ってきても、それに(全く同じというわけではないが)いくらでも似ている部分がある事が判っている。つまり、ゼータ関数はおよそ考えられる限りでもっとも複雑であるということができるのではないだろうか。最近では、他のゼータ関数についても、同様の事が示されてきている。

リーマン仮説が解けるとき

ゼータ関数の始まりはとても素朴なものだったが、その正体はとても複雑で限りなく豊饒《ほうじよう》である。最近では、物理学との関連が次々に判ってきて「この世はゼータだ」なんて言う人もいる。すると、リーマン仮説が解けるときは、この世のすべてが理解されるときなのだろうか。

バーチ、スウィンナートン=ダイアー予想

この予想は、バーチという人と、スウィンナートン＝ダイアー（これが一人の人の名字）という人が言い出した予想である。この予想は方程式に有理数の解がいくつあるか、という問題に関係のある予想である。

さっそく、「バーチ、スウィンナートン＝ダイアー予想」を示そう。

「バーチ、スウィンナートン=ダイアー予想」

楕円曲線（elliptic curve）E のエル関数 $L(E, s)$ を、$s=1$ の周りでテイラー展開すると、次のように書けたとする。

$$L(E,s)=(\text{係数})\times(s-1)^r+((s-1)\text{の}(r+1)\text{乗以上の項（無限に続く）})$$

このとき、r は、この楕円曲線上の点で、x 成分、y 成分ともに有理数である点（と無限遠点O）全体のなす有限生成アーベル群のランクとなる。（以下、略してBSD 予想という）

この予想は1960年代初め、イギリスのケンブリッジにあったEDSACというコンピューターを駆使していろいろ計算しまくった結果をもとに、生まれた。BSD予想は、「実験数学」のはしりと言えるだろう。コンピューターの恩恵はこんなところにもあるのだ。

ケンブリッジ大学の Sir Peter Swinnerton-Dyer

BSD予想を理解するために、まず、楕円曲線とは何かを説明する。それから、楕円曲線が一つ与えられるとそれから決まるエル関数というものを説明する。最後に、楕円曲線上の点で、x成分、y成分ともに有理数である点（と無限遠点O）の全体のなす有限生成アーベル群について説明する。

楕円曲線とは

話の舞台は、次の式を満たす(x, y)の組の全体である。

$$y^2 = x^3 + ax + b \qquad (1)$$

この式はyについては2次式で、2次の項だけがある。一方、xについては3次式だが、2次の項はなく、残りの3次と1次と0次（定数）の項がある。大事なのは、3次の項があることだ。この3というのが以下の話の鍵なので、よく覚えておいていただきたい。

まず、a, bが実数のとき、(1)式を満たす(x, y)を実数の範囲で探そう。(1)式のxにある数を代入して、右辺が正なら(1)を満たすyは2個あり、0なら$y=0$だけが(1)を満たす。右辺が負の場合は、(1)式を満たすyはない。

$x^3+ax+b=0$が重根を持たない場合は、実根の数は1個か3個だ。それぞれの場合について、(1)を満たす(x, y)の組をx-y平面に描くと**図1**のとおりである。グラフは、x軸に関して上下対称になっていることに注意しよう。

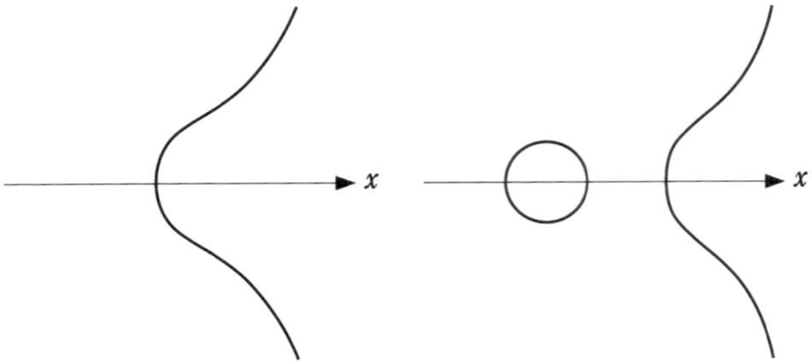

$x^3+ax+b=0$の実根が1個のとき

$x^3+ax+b=0$の実根が3個のとき

図1　$x^3+ax+b=0$が重根を持たないときの、(1)式を満たす(x, y)の様子

重根を持たないのは、$x^3+ax+b=0$の判別式である$-(4a^3+27b^2)$が0でないときだ。重根を持つときのグラフは「ホッジ予想」のところ（113ページ）に出ている。線が交わったり、尖《とが》っている点があるが、このような点を特異点と言う。

さて、以下では、(1)のグラフに特異点がないときを考える。つまり、「(1)の右辺＝0」が重根を持たないときだけを考える。それは、判別式 $-(4a^3+27b^2)$ が 0 にならないような a, b に対する、(1)のグラフだけを考えるということだ。

楕円曲線とは、(1)のグラフに特異点がないような a, b に対する、(1)式を満たす (x, y) の全体に、無限遠点と呼ばれる１点Oを付け加えたものをいう。記号で書くと、

楕円曲線＝{(1)式*を満たす(x, y)の全体}∪{無限遠点O}

(*(1)式のグラフに特異点がないような a, b だけ考える)

である。無限遠点Oも含めて、「(1)式で定まる楕円曲線」と呼ぶ。

図１のそれぞれのグラフで、右上と右下に伸びている曲線の先の方に、無限遠点Oがあって、そこでグラフがつながっていると考えてほしい。無限遠点Oを付け加えるわけは、BSD予想の問題文に出てくる「群」という言葉と関係がある。

本当は、楕円曲線とは、双有理変換という種類の (x, y) の変換で(1)式になる式ならなんでも良いのだが、本書では簡単のため(1)式だけ考える。

楕円曲線の名前の由来

さて、図１のグラフはどう見ても楕円ではないのに、なぜ楕円曲線と言うのか？

楕円曲線という名前は、楕円積分というものに由来している。楕円積分とは、もともとは「原点を中心とする楕円の y 軸との交点から右回りに周上のある点までの周を求める積分」だが、これは「４次式の平方根を含む有理式」の積分になる。

3次式の平方根を含むときも、4次式の平方根を含む場合に変形できるので、3次式と4次式の場合を楕円積分と呼ぶようになった。これは、積分の終点を変数とする関数になる。

さらに楕円積分の逆関数を複素数の関数として考えることができて、これを楕円関数と呼ぶ。これがドーナツの表面の上の関数だと思えるのだが、なにを隠そう、ドーナツの表面こそ（複素）楕円曲線である。つまり、(1)式を満たす複素数の組（x, y）に無限遠点と呼ばれる1点Oを付け加えたものは、トーラスと呼ばれるものになる。トーラスとはドーナツの表面（だけ）のことである。

つまり、次のように「楕円」という名前が伝わって、（普通の）楕円とは似ても似つかない「楕円曲線」が生まれた。

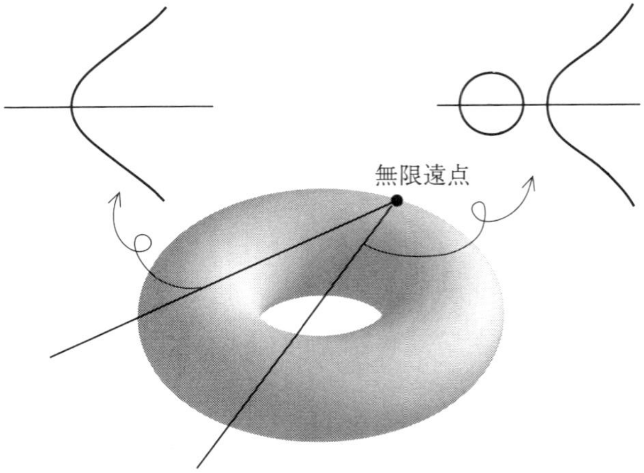

図2　複素数の世界と実数の世界での楕円曲線

$$\text{楕円積分} \xrightarrow{\text{逆関数}} \text{楕円関数} \xrightarrow{\text{棲み処}} \text{楕円曲線}$$

（処《か》）

図１のそれぞれのグラフで、右上と右下に伸びている曲線が、先の方の無限遠点Oでつながっているところを想像すると、図１の２通りの場合がドーナツの表面の２種類の切り口になっている。この様子を**図２**に示す。この図で、図１のグラフがドーナツの表面の変身した姿であることが判る。

エル関数のオイラー積

実数で考えた楕円曲線と、複素数で考えた楕円曲線の見かけはかなり異なっていた。

BSD予想では、a, b を有理数として、(x, y) が共に有理数の場合を考える。このとき(1)式を満たす (x, y) をグラフに描くとどうなるだろうか？

有理数は、実数に含まれるから、図１のどちらかのグラフの曲線の上にすべて載っていることは判る。しかし、a, b が有理数で x が有理数でも、$y^2 = x^3 + ax + b$ を満たす y は有理数とは限らない。だから、(1)を満たす有理数の組 (x, y) は、図１のどちらかの曲線全部ではなく、その曲線の上にバラバラと載ったイメージになる。

これが、有理数の世界で考えた楕円曲線のイメージである。その全体像が、楕円曲線に応じて決まる「エル関数」というものを見るともう少し詳しく判る、というのがBSD予想なのである。

エル関数というのは、ゼータ関数の親戚である。ゼータ関数は、リーマン仮説のところで説明したが、(2)式のようにオイラー積を使って表すことができた。

$$\zeta(s) = \prod_{\substack{\text{全ての素数}p\text{について}\\ \text{かけ合わせる}}} \frac{1}{\left(1-\left(\frac{1}{p}\right)^s\right)} \tag{2}$$

Πは、Πの後ろの関数のpに素数を順に入れて、すべてかけ合わせるということを表す記号である。(2)式を真似て、ハッセという数学者が楕円曲線Eに対するゼータ関数$\zeta_E(s)$を次のように作った。

$$\zeta_E(s) = \prod_{\substack{\text{よい素数}p\text{に}\\ \text{ついてかけ合}\\ \text{わせる}}} \frac{\left(1-a_p\left(\frac{1}{p}\right)^s+\left(\frac{1}{p}\right)^{2s-1}\right)}{\left(1-\left(\frac{1}{p}\right)^{s-1}\right)\left(1-\left(\frac{1}{p}\right)^s\right)} \times \left(\begin{array}{l}\text{悪い素数}\\ \text{について}\\ \text{の部分}\end{array}\right) \tag{3}$$

どこが真似になっているかの説明は省略する。「よい素数」とa_pについては後で説明する。「悪い素数」というのは、よい素数以外の素数で、その数は有限個である。したがって、(3)の右辺は、すべての素数に関係する、無限個の積になっている。

(3)式の分母を見れば判るように(悪い素数の部分を説明していませんが)、$\zeta_E(s)$の中には$\zeta(s)$と$\zeta(s-1)$が入っている。ζ関数は、それだけでしっかり研究されているから、$\zeta_E(s)$の研究では、$\zeta(s)$と$\zeta(s-1)$以外の部分をしっかり研究すべきだ。ということで、生まれたのが楕円曲線Eのエル関数で、$L(E,s)$と書き、次の(4)式で定義する。右辺を「エル関数$L(E,s)$のオイラー積」と呼ぶ。

$$L(E,s)=\frac{\xi(s)\,\xi(s-1)}{\xi_E(s)}$$

$$=\underbrace{\prod_{\substack{\text{よい素数}p\text{に}\\\text{ついてかけ合}\\\text{わせる}}}\frac{1}{\left(1-a_p\left(\frac{1}{p}\right)^s+\left(\frac{1}{p}\right)^{2s-1}\right)}\times\left(\begin{matrix}\text{悪い素数につ}\\\text{いての部分}\end{matrix}\right)}_{\text{楕円曲線}E\text{のエル関数}L(E,s)\text{のオイラー積}} \qquad (4)$$

楕円曲線のエル関数

エル関数のオイラー積（(4)式の右辺のすべての素数にわたる積）は、複素数 s の実部が 3/2 より大きければ、有限の数になり意味がある。ところが、複素数 s の実部が 3/2 以下の場合には判らない。

しかし、ゼータ関数のときと同じように、すべての複素数 s について定義できる関数があって、エル関数のオイラー積（(4)式の右辺）は、実部が 3/2 より大きいところでの見かけの姿だったことが判る。正確には、このすべての複素数 s に対して定義できる関数が、楕円曲線 E に対するエル関数 $L(E,s)$ である。そして、それは s の実部が 3/2 より大きいところでは、(4)式の右辺であると言ってもよい。

(4)式の右辺のオイラー積が、すべての複素数について定義される関数になる（これを解析接続されると言う）事は、楕円曲線の中で「モジュラー」と呼ばれる性質を持つ曲線については正しい事が知られていたが、すべての楕円曲線について成り立つかどうかは長い間判らなかった。しかし、フェルマー予想の解決を突破口として、1994年以降前世紀の終わりにかけてすべての楕円曲線がモジュラーな事が証明されたから、すべての楕円曲線について正しい。なお、モジュラーな楕円曲線についてはこの本では解説しない。

有限の世界での楕円曲線とエル関数のオイラー積

BSD予想は、有理数全体の世界での楕円曲線を考えているが、有限の世界で考えることもできる。そこでは楕円曲線上の点の数を、原理的には全部求めることができるから、有理数の世界での様子を調べる小手調べにちょうどよい。

整数を素数 p で割った余りの世界、すなわち p 個の元からなる $\{0, 1, \cdots, p-1\}$ の中では、加減乗除が行える。加減乗はすぐ判るが割り算は簡単には判らないかもしれない。しかし、少し考えるとできることが判る。これは p が素数だから可能なのだ（例えば『素数入門』（ブルーバックスB1386）の152〜153ページをご覧下さい)。加減乗除のできる数の集まりを「体」と言う。そこで、素数 p で割った余りの集まりを「有限体 $\boldsymbol{F}_p$」と言う。

(1)式で定義される楕円曲線も $\boldsymbol{F}_p$ で考えることができる。ただし(1)式の係数や変数をいきなり $\boldsymbol{F}_p$ で考えるのではなく、有理数 $\boldsymbol{Q}$ の世界で上手く式を変形したり、また、(1)式の a, b は有理数だが、a, b に対応する $\boldsymbol{F}_p$ の元を考える（$\boldsymbol{F}_p$ でも割り算ができるから対応する元を考えることができるのだ）などの操作をしないといけない。そのような操作が上手く実行できる素数と、どうやっても上手く実行できない素数がある。上手くいく素数のことを、(3)式、(4)式で「よい素数」と呼んだ。

素数 p がよい素数のとき、（上の意味で）(1)式を満たす (x, y)（ただし、x, y は $\boldsymbol{F}_p$ の元）の個数を N_p と書くと、(3)式、(4)式に出てきた a_p とは、$a_p = p - N_p$ のことである。（$a_p = p + 1 - N_p$ と定義する本が多いが、それは、N_p が無限遠点も勘定している場合だ）

これで、(4)式の右辺、すなわちエル関数のオイラー積のよい素数の部分は判った。よい素数でない素数、つまり悪い素数については、さらに詳しい p の性質によって次をかけ合わすのだが、詳しい説明は省く。

$$\frac{1}{\left(1-\left(\frac{1}{p}\right)^s\right)} \text{ または、} \frac{1}{\left(1+\left(\frac{1}{p}\right)^s\right)}$$

これで、エル関数のオイラー積の説明を終る。

エル関数とBSD予想

エル関数のオイラー積は、エル関数 $L(E, s)$ の s の実部が3/2より大きいところでの見かけの姿だった。$L(E, s)$ の方は $s=1$ でもきちんと定義できている（正則）から、テイラー展開を考えることができる。BSD予想は、その展開を見ると楕円曲線のことが判ると言っている。

つまり、BSD予想は、有理数の世界での楕円曲線の情報（エル関数の $s=1$ での展開が握っている）は、（整数を素数 p で割った余りの世界）$\boldsymbol{F}_p$ での楕円曲線の情報を、すべての素数 p について総合すれば判る（s の実部が3/2より大きいところで通用するオイラー積が握っている)、と言っているのだ。**図 3** のような状況だ。

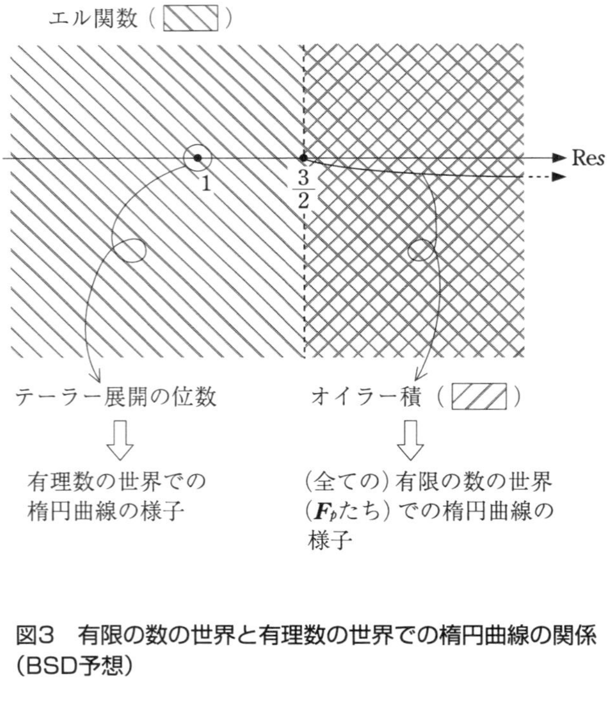

図3　有限の数の世界と有理数の世界での楕円曲線の関係（BSD予想）

楕円曲線上の点のなす群

　楕円曲線のエル関数とはどういうものかが判ったので、それを見て、もとの楕円曲線の何が判るのかという話に移ろう。

それは、楕円曲線上の点（x座標、y座標ともに有理数の点と無限遠点O）のなす「群」についての情報が判るのである。「群」というのはもっとも重要な数学的な対象の一つだ。

群というのは、足し算（＋）やかけ算（×）のような「演算」と呼ばれる操作が定まっている数学的な対象で、次の3つの性質を満たすものの呼び名である。それぞれの意味するところは、以下で説明する。

（イ）　単位元の存在
（ロ）　（勝手な元についての）逆元の存在
（ハ）　結合法則

以下で、楕円曲線上の2点P, Qが与えられたとき、第3の点Rを求める手続きを説明する。この手続きが上手くいくのは、楕円曲線を定義する(1)式の次数が3だからだ。このとき、R＝P※Qと書くと、この※が(イ)、(ロ)、(ハ)の3つの性質を持つ「演算」であることが判る。このことを指して、「楕円曲線上の点は※について群をなす」と言う。

BSD予想は、楕円曲線のエル関数を見ると、この群の「ランク」（群の大きさを表す自然数）が判るという予想だ。しかし、バーチとスウィンナートン＝ダイアー自身、さらにその後のいろいろな人によって、エル関数を見ると、この群のもっといろいろな情報が判ると予想されている。残念ながらこの本ではそこまでは解説できない。

しかし、楕円曲線上の点の集まりが、演算※について「群」になるということ自体驚きだ。いわば、楕円曲線という図形が計算機になる、と言っているのだ。これから、楕円曲線上の点の集まりに対して、※が上の3つの性質を持つことを、じっくり確かめていこう。

不思議な演算※

(1)式で定まる楕円曲線 E 上の点P, Qに対し、R=P ※ Qを求める。

まず、PとQの x 座標が互いに異なる場合を考える。

このとき、PとQを結ぶ直線 L と、楕円曲線 E との交点は3個ある。交点のうち2つはPとQだ。そして、第3の交点をSとして、x 軸に関してSと対称な点をR=P ※ Qとする。E は x 軸に関して対称だった(図1を見よ)から、Rは E

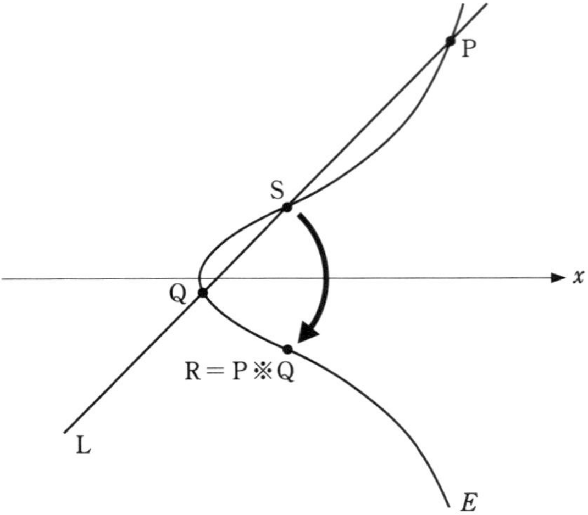

図4　R＝P※Q

上の点である。

以上の、R＝P ※ Q の作り方を、**図 4** にまとめる。なお、図 4 ～図 7 は(1)式の右辺＝0 が実数の解を 1 個だけ持つときを書いたが、 3 個のときも同様である。

ここまでの詳しい計算は章末の付録に示す。(1)式が 3 次式だったから、交点の x 座標が 3 次方程式を満たすことになり、第 3 の交点を求めることができる事に注意してほしい。それから、R の x 座標、y 座標は、P 及び Q の x 座標、y 座標と、(1)式の係数 a, b から四則演算だけで計算できる事も覚えておいてください。

※の特別な性質＝交換法則

ところで、P と Q を結ぶ直線 L は、この 2 つの組み合わせだけで決まって、指定する順序にはよらないから、L と曲線 E の交点 S も P と Q を入れ替えても変わらない。だから、x 軸に関して S と対称な点 R も変わらない。つまり、R＝P ※ Q は P と Q を入れ替えても変わらない。

このことを次のように表し、「※について交換法則が成り立つ」という。

P ※ Q＝Q ※ P

「演算」の中には交換法則が成り立たないものもある。例えば、勝手な行列 A と B に対しては、積 AB と積 BA の答えがいつも同じとは限らない。この事を「行列の積では交換法則は成り立たない」と言う。普通の数の足し算やかけ算では、交換法則が成り立つ。

無限遠点Oの役割＝単位元の存在

楕円曲線上の点が、演算※について群になるのは、無限遠点O（以下、簡単にOとだけ書く）を付け加えるからだ。ここからは、**図5**のように、x-y 平面が地球から北極を除いたもので、南極が原点でOが北極と思うと判りやすいだろう。

P※Qを求める方法を、PもしくはQがOであるときにも上手くいくようにしたい。そのために、「P(x_1, y_1) とOを

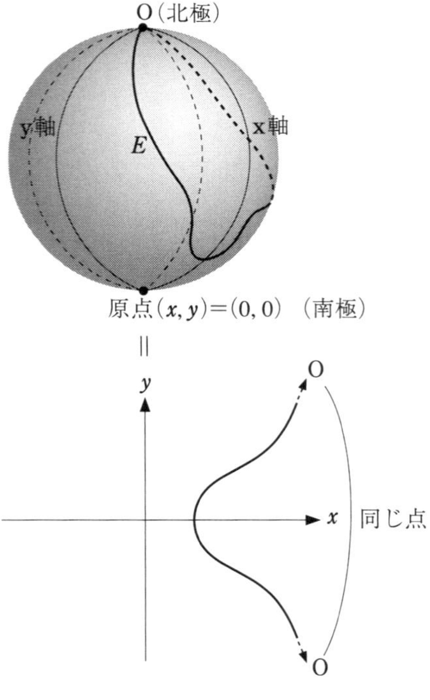

図5　無限遠点の位置

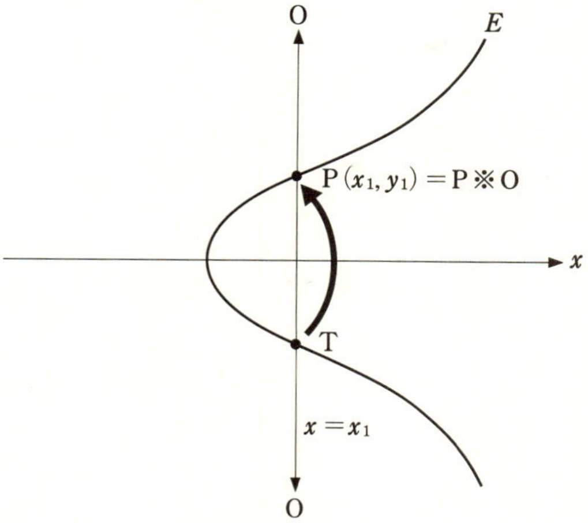

図6　P※O＝P

結ぶ直線」というのは「y 軸に平行な直線 $x = x_1$」だという事にする。

図6 を見てほしい。曲線 E 上の点 P(x_1, y_1)（ただし P は E と x 軸との交点ではないとする）に対して、「P と O を結ぶ直線」、つまり「y 軸に平行な直線 $x = x_1$」と E は、P と x 軸に関して対称な点 T でも交わる。T と x 軸に関して対称な点が P ※ Q と考えられるが、これはもとの点 P である。

以上の事を次のように表し、「O は※について単位元である」と言う。今の場合にも交換法則は成り立っている。

$$\mathrm{P} ※ \mathrm{O} = \mathrm{O} ※ \mathrm{P} = \mathrm{P}$$

という事で、無限遠点 O を付け加えると、群の 3 つの性質の 1 つ目（イ）が成り立つ事が判った。

なお、無限遠点を通る直線についての約束を使うと、P ※ Q の計算は次のようになっていて覚えやすい。「点Sと x 軸に関して対称な点を求める」という箇所が、「点Sと無限遠点Oを結ぶ直線と、曲線 E の第3の交点を求める」ことと同じなのだ。図4にもどって確認してほしい。

①まず、PとQを結ぶ直線 L と、$y^2=x^3+ax+b$ を満たす点の集まりである曲線 E の、第3の交点Sを求める。 ②次に、「①で求めた点Sと無限遠点Oを結ぶ直線」と、曲線 E の第3の交点を求める。これが、R=P ※ Q である。

曲線上の点のマイナスとは=逆元の存在

図7 を見てほしい。E 上の点Pに対し、Pと x 軸に関して対称な点Qも E 上にある。(ただし、Pは E と x 軸の交点ではないとする) PとQを結ぶ直線 L は y 軸に平行で、これと E の交点はPとQの2個の他にはない。しかし、この場合は特別にOが「第3の交点」だとする。(「お約束」に過ぎないのではなく、本書では説明しないが正当化できる理屈がある)

Oと x 軸に関して対称な点もOだとする(これも「お約束」に過ぎないのではなく、本書では説明しないが正当化できる理屈がある)ので、次が成り立つことになる。R=P ※ Q の求め方をなぞって、納得してほしい。

P ※ Q=O

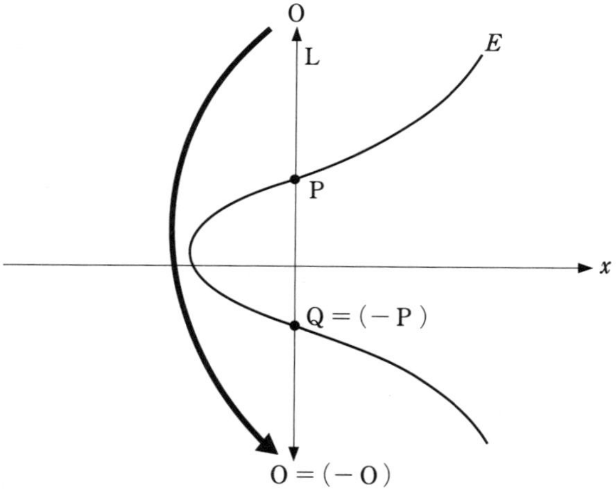

図7　P※(−P)＝O

Oは※について単位元だったが、こういうとき、「※についてQはPの逆元である」と言う。これで、2つ目の性質(ロ)も成り立つことが判った。x 軸に関してPと対称な点Qが、Pの逆元なのである。また、PはQの逆元である。※については交換法則が成り立っていたが、こういうときはPの逆元を「−P」と書くのが普通である。つまり、Q＝−Pである。

ところで、Oの逆元は自分自身O、つまり、(−O)＝Oとなる。

曲線上の点の2倍とは

ここまでの話で、E 上の点P、Qに対して、R＝P※Q を、次の場合に定める事ができた。

(1) PとQの x 座標が異なるとき（図4）、
(2) PとQの x 座標が同じで、y 座標が異なるとき、すなわちPとQが x 軸に関して対称のとき（図7）。このときPとQは互いに他方の逆元だった。

残っているのは、P＝Qのときである。すなわちP※Pを定める事が残っている。

P≠Qのときは、PとQを通る直線を考えたが、さて、PとPを通る直線とは何だろうか。QがPに近づいていく光景を想像すれば、点Pでの、曲線 E への接線 M がそれのようだ。そこで、P※Pは次のように決める。**図8** を見てほしい。

Pでの接線 M と曲線 E とは、Pで接する他に、もう一つの交点Uで交わる。後は、P≠Qの場合と同じく、Uと x 軸に関して対称な点Rが求めるP※Pである。※については交換法則が成り立つので、普通これを2Pと書く。

詳しい計算は章末の付録に示すが、a, b が有理数だから、Pの x 座標、y 座標が有理数なら、R＝2Pの x 座標、y 座標も有理数になる。

フェルマーは、この性質を使って、x 座標、y 座標ともに有理数となる点を求めた。つまり、ある点Pの x 座標、y 座標が有理数の点が一つあれば、2Pの x 座標、y 座標も有理数であり、2(2P) も、2(2(2P)) も、……とやって、これが首尾よく続けば、x 座標、y 座標が有理数の点が、次々求められる。

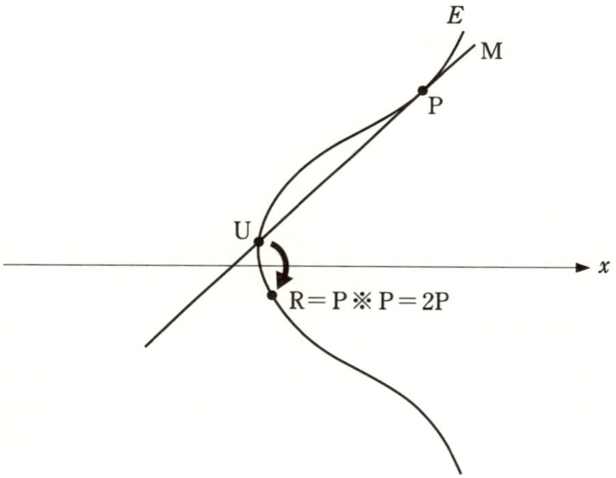

図8　P※P＝2P

例えば、P＝(2,2) は $y^2=x^3-4$ 上の点である。この場合、$a=0$, $b=-4$, $x_1=y_1=2$ なので、2P＝(5, −11) となる。2(2P) から先を手計算で求めるのは面倒だが、表計算ソフトを使えば少し楽になる。

なお、ここでの考え方を使うと、E と x 軸の交点Sに対して、図6からS※O＝Sと、図7からS＝(−S)、図8から2S＝Oが判る。これで、PとQが何であってもP※Qが計算できることになった。

※の不思議な性質＝結合法則

2(2P) を4Pと書きたくなるが、そのためには、※が、結合法則と呼ばれる、群の性質の3つ目(ハ)を満たす事を確かめなくてはいけない。つまり、P, Q, R を曲線E上の３点として、次の式が成り立つ事を示すのである。ただし、P, Q, Rの中に同じものがあっても良いし、Oに等しくても良い。※についての不思議な性質だ。

$$(\mathrm{P} ※ \mathrm{Q}) ※ \mathrm{R} = \mathrm{P} ※ (\mathrm{Q} ※ \mathrm{R})$$

この式は、(P ※ Q) を行った結果をSとして、次にS ※ Rを行った結果と、先に (Q ※ R) を行った結果をTとして、次にP ※ Tを行った結果とが同じ、ということを表している。

この性質が、(1)式で定まる楕円曲線E上の点の全体が、「演算」※について群になることの鍵だが、証明は単純ではないので、ここでは、証明に使われる重要な事実だけを紹介して先に進もう。３次曲線とは、(1)のようなxとyについての３次方程式を満たす (x, y) の集まりの事だ。

> ２本の３次曲線C_1とC_2が９個の点（これを、$T_1, T_2, \cdots, T_9$とする）で交わっているとする。別の３次曲線Dがこのうち８個の点（例えば、$T_1, T_2, \cdots, T_8$）を通るとすると、Dは残りの１個（この場合T_9）も通る。

楕円曲線上の点は※についてアーベル群をなす

以上で、(1)式で定まる楕円曲線E上の点（つまり、$y^2 = x^3 + ax + b$を満たす点 (x, y) と無限遠点O）について、演算※が定義でき、群の性質(イ)、(ロ)、(ハ)と、交換法則が成り立つことが判った。

交換法則を満たす群は、交換可能という意味で「可換群」

または「アーベル群」と呼ぶ。以上、まとめると、

> 楕円曲線上の点（無限遠点を含む）は、演算※についてアーベル群をなす。

ということになる。

アーベルは、19世紀前半のノルウェーの数学者で、2002年で生まれてからちょうど200年経った。彼は、1829年に没したが、その短い生涯の中で楕円関数を始めとして重要な問題を実にいろいろ研究した。特に有名なのは、ガロアと独立に、5次方程式が、四則演算と数のn乗根の組み合わせるだけでは一般には解けない事を証明したことである。彼もまた、悲劇の天才の一人である。

どんな群があるか？

身近な群の例として、整数の全体$\boldsymbol{Z}$や、有理数の全体$\boldsymbol{Q}$、実数の全体$\boldsymbol{R}$、複素数の全体$\boldsymbol{C}$がある。これらは加法（足し算）について群になっている。負号を付ける事が逆元を求める事になっている。また、$\boldsymbol{Z}$以外の$\boldsymbol{Q}, \boldsymbol{R}, \boldsymbol{C}$は、0（これが加法の単位元になっている）を除くと、乗法（かけ算）についても群になっている。

これらの群は無限個のメンバー（数）で構成されているが、メンバーが有限個の群もある。自然数nについて、整数をnで割った余りの全体を考えると、これも普通の足し算で群になっている。メンバーは、$0, 1, \cdots, n-1$のn個で有限個である。この群を$\boldsymbol{Z}/n\boldsymbol{Z}$と書く。$n$が素数$p$なら、この群から0を除いた集合は乗法（かけ算）についても群になる。

この（0も含む）$\boldsymbol{Z}/p\boldsymbol{Z}$が、前に出てきた$\boldsymbol{F}_p$だ。

楕円曲線の有理点だけでも※についてアーベル群になる

これまで説明してきたPとQの座標からR＝P※Qや、－Pの座標を求める手続きは、四則演算だけを用いている。だから、例えば、楕円曲線E上の点でx座標とy座標が有理数である点だけを考えても、※を行った結果はまた、x座標とy座標が有理数になるし、※についての逆元のx座標とy座標も有理数になる。それは、有理数の全体が四則演算で閉じているからだ。

ここで、楕円曲線E上の点で、x座標とy座標が有理数である点全部と無限遠点Oを合わせて「楕円曲線の有理点」と呼ぶことにすると、以上の話から次のことが成り立つ。この群が、BSD予想に出てくる群である。

楕円曲線上の有理点（無限遠点Oを含む）は、演算※についてアーベル群をなす。

この、楕円曲線上の有理点が群の構造を持つという事実を利用した暗号が、近年実用化されている。純粋な数学の研究も、身近な生活と決して無縁ではありえないのだ。

なお、有理点というところを、x座標とy座標が$\boldsymbol{R}$, $\boldsymbol{C}$, $\boldsymbol{F}_p$に属する点ということにしても、その全体と無限遠点Oは、演算※についてアーベル群をなす。

モーデルの定理

BSD予想の問題文を理解するためには、残るは、「ランク」を説明すればよい（はずである）。この「ランク」とは、アーベル群の大きさを表しているものなのだが、その説明をしよう。

「ランク」は、（アーベル）群が「有限生成」であるときに考えることができる。上手い具合に、係数が有理数である楕円曲線上の、有理点の全体のなす群は有限生成である事が判っている。これは、「モーデルの定理」と呼ばれている。

「有限生成」とはなにかを説明しよう。アーベル群の元sがあると、sをどんどん足す事によって、$2s, 3s, \cdots, ns, \cdots$と、$s$の自然数倍を考える事ができる。また、$s$の逆元（$-s$）の$n$倍を、$(-n)s$と考えれば、$s$の負の整数倍も考える事ができる。$s$とその逆元（$-s$）の和は単位元だから、単位元を$s$の$0$倍だと思えば、$ns+ms$は、$n$や$m$が負のときも含めて$(n+m)s$になってつじつまが合っている。

さて、ある群Gの有限個（k個としよう）の元$s_1, s_2, \cdots, s_k$を持ってくる。そして、その群の勝手な元tを持ってくると$t=n_1s_1+n_2s_2+\cdots+n_ks_k$という風に必ず書けるとしよう。$n_1, n_2, \cdots, n_k$は整数で、$t$が違えば異なってよいが、そのとき使う$k$個の元$s_1, s_2, \cdots, s_k$は、すべての元$t$に対して共通であるとする。このとき、群$G$は「有限生成」である、と言う。つまり、「有限（個の元で）生成（される）」という事だ。

なお、有限生成だからといって群Gの元の数は有限個になるわけではない。無限個の場合もある。

ランクとは

すでに知られている群から、新しい群を作る事を考えてみよう。

例えば、整数の全体を2つ持ってきて新しい群を作るには、整数を2つ並べた組を考えれば良い。そうすると次の式のように成分毎に足し算する事で、整数を2つ並べた (x, y) の全体も群になる。

$$(x_1, y_1) + (x_2, y_2) = (x_1 + x_2, y_1 + y_2)$$

2つの群はなんでも良いし、2つが異なっていても良い。

2つから新しいものができたら、その結果とさらに別の第3の群にこの方法を施せば、3つの群から新しい群を作る事もできる。その結果とさらに別の、……と考えていくと、いくつ持ってきてもこの方法でそれらから新しい群を作る事ができる。

有限生成なアーベル群（交換可能な群）は実はこうして作られるものに限られる、という事が判っている（アーベル群の基本定理と呼ばれる）。有限生成なアーベル群は、整数の全体をいくつかと、有限個の元からなる群を使って、上の方法で作ったものになるのだ。このとき整数の全体を使用した数が、アーベル群の「ランク」である。いわば、アーベル群の大きさなのだ。

BSD 予想と自然数の性質

BSD 予想は、「楕円曲線 E の上の x 座標と y 座標が有理数の点（有理点と言う）と無限遠点Oの全体が、演算※についてなすアーベル群の「ランク」は、エル関数を見れば判る」と言っている。

はじめに説明したように、エル関数を見るといろいろ細かいことまで判ると予想されているが、BSD予想の「エル関数を見れば判る」は、正確には、「エル関数を $s=1$ でテイラー展開したとき、$(s-1)$ の r 乗から始まっていたら（この r を、エル関数の $s=1$ での位数と言う)、有理点のなすアーベル群のランクは r である」と言うのだ。

したがって、BSD予想が正しいとすると、もし、エル関数 $L(E,s)$ の $s=1$ での値 $L(E, 1)$ がゼロでなかったら、$L(E,s)$ の $s=1$ でのテイラー展開は $(s-1)$ の0乗から始まるから、ランクは0で、有理点のなすアーベル群は有限個の元を持つ群だけを使って作られるから、有理点は有限個だ、という事になる。

また、エル関数の $s=1$ での値 $L(E,1)$ がゼロになるという事は、r が1以上と同じで、すると、整数全体が一つ以上は必要だから、有理点は無限個ある事になる。

つまり、次が成り立つ（といっても予想です)。

弱い「バーチ、スウィンナートン＝ダイアー予想」

$L(E,1)=0$ と、E の有理点（つまり、$y^2=x^3+ax+b$ の解で x 成分、y 成分ともに有理数であるもの）が無限個ある事とは同じ事である。ただし、a, b は有理数であるとする。

このようにBSD予想は、方程式の有理数解がいくつあるか、という問題と密接に関連している。特に、楕円曲線を定める方程式は、自然数の性質と深く関わっているので、BSD 予想は興味深い予想となる。

例を 2 つあげよう。

例1　合同数の判定

合同数というのは、3 辺の長さが有理数である直角三角形の面積になる有理数の事を言う。例えば 6 は、三辺が 3, 4, 5 の直角三角形の面積だから、合同数である。

さて、ある数 n が合同数であるという事と、$y^2=x^3-n^2x$ という式で決まる楕円曲線の有理点が無限個ある事とは同じである事が判る。後者は、BSD 予想が正しいとすると、この楕円曲線のエル関数が $s=1$ で 0 になるのと同じである。

例2　フェルマーの最終定理

フェルマーの最終定理「p が 3 以上のとき、$x^p+y^p=z^p$ の整数解 x, y, z のいずれかは 0 である」も、その方程式に有理数の解があるかどうかの問題である（有理数の解があれば、分母を払ってしまえば整数の解があることになる）。

証明の鍵は、楕円曲線が握っていた。それは、a, b, c が $a^p+b^p=c^p$ を満たしているとき、$y^2=x(x-a^p)(x+b^p)$ で定義される楕円曲線である。c^p はこの楕円曲線の性質を示す量（式）に登場する。整数 a, b, c が、$a^p+b^p=c^p$ を満たしていると、この楕円曲線は性質がこの世のものとは思えないほど良くなってしまい、実際この世のものではなくなって、フェルマーの最終定理が証明される。

フェルマーが研究した整数論の問題は、すべて楕円曲線の有理点の性質と関連した問題といっても過言ではない、その唯一の例外がこの最終定理と呼ばれるものだった（p を 3 に限っていないから）、とヴェイユは言っているそうだ。しかし、結局、フェルマーは楕円曲線の世界から足を踏み出してはいなかったのだ。

いま判っていること

「モジュラーな」楕円曲線について $r=0$ または 1 のときは BSD 予想が正しい事が1990年に判った。1994年以降前世紀の終わりにかけて、すべての楕円曲線がモジュラーな事が判ったから、現在では、$r=0$ または 1 のときは BSD 予想は完全に正しい。

しかし、r が 2 以上の場合については、まだ解決していない。

BSD 予想の重要性

エル関数は、ゼータ関数の一族である。ゼータ関数の一族は、いろいろな数学的な対象について作れる。そうして作ったゼータ関数がもともとの数学的な対象について実にいろいろなことを知っているに違いない、というのがリーマン・ゼータ以来のゼータ一族の研究の中で明らかになってきたことである。BSD 予想も、その一つの現れだ。

さて、有理点の作る群のランクを知るより、エル関数の $s=1$ での位数を知るほうが簡単である。ゼータ一族の他の関数についても同様で、ゼータ一族の関数の様子を調べる方が、それにより判ると考えられている数学的対象での対応する事実を直接調べるより楽だ。

BSD 予想の解決が突破口となって、ゼータ一族についても「ゼータ関数がもともとの数学的な対象について実にいろいろなことを知っているに違いない」という確信が事実であることが証明されると期待されている。BSD 予想が実際に証明されれば、ゼータ一族の関数に関係する数学的対象についての研究が爆発的に進展することは間違いない。というわけで BSD 予想もミレニアム賞問題に値する重要な問題である。

(付録) ※の詳しい計算

点 P(x_1, y_1) と点 Q(x_2, y_2) は、(1)式で定まる楕円曲線E上の点であるとすると、次の式が成り立つ。

$$\begin{cases} {y_1}^2 = {x_1}^3 + ax_1 + b \\ {y_2}^2 = {x_2}^3 + ax_2 + b \end{cases}$$

これから R＝P ※ Q を求める。

①PとQのx座標が異なるとき

つまり、$x_1 \neq x_2$ である。このとき、PとQを結ぶ直線Lと楕円曲線Eの第 3 の交点を S(x_3, y_3) とすると、x_3, y_3 は次の(5)式のとおりである。そのことを説明しよう。

$$\begin{cases} x_3 = \lambda^2 - (x_1 + x_2) \\ y_3 = \lambda (x_3 - x_1) + y_1 \end{cases} \tag{5}$$

ただし、λ は、次の式の右辺を表している。

$$\lambda = \frac{y_2 - y_1}{x_2 - x_1} \tag{6}$$

この λ は、PとQを結ぶ直線 L の傾きである。したがって、(x_1, y_1) と (x_2, y_2) を結ぶ直線 L の式は、
$y - y_1 = \lambda (x - x_1)$ だ。これを y について解き、(1)式の y に代入すると、x についての3次方程式

$$x^3 - \lambda^2 x^2 + (x\text{についての1次式}) = 0 \tag{7}$$

ができる。3つの交点の x 座標は、方程式(7)を解けば求まる。

方程式(7)は3次方程式だから、解は（今の場合）3個ある。そのうちの2つは x_1 と x_2 で、第3の解が x_3 だ。3次方程式の解と係数の関係から、$x_1 + x_2 + x_3 = \lambda^2$、つまり $x_3 = \lambda^2 - (x_1 + x_2)$ となる。これが(5)の x_3 の式だ。そして、x_3 を直線 L の式に入れた結果が、(5)の y_3 の式である。

R＝P ※ Q は、S と x 軸について対称な点だから、
R＝P ※ Q＝$(x_3, -y_3)$ だ。

② P＝Q のとき

(1)式の両辺を x で微分すると、接線 M の傾き λ は(8)式のとおりとなる。後は①と同様に計算すれば、
P ※ P＝2P＝$(x_3, -y_3)$、ただし、x_3, y_3 は(9)式のとおりとな

る。

$$\lambda = \frac{3x_1^2 + a}{2y_1} \tag{8}$$

$$\begin{cases} x_3 = \left(\dfrac{3x_1^2 + a}{2y_1}\right)^2 - 2x_1 \\ y_3 = \left(\dfrac{3x_1^2 + a}{2y_1}\right)^2 \left\{\left(\dfrac{3x_1^2 + a}{2y_1}\right)^2 - 3x_1\right\} + y_1 \end{cases} \tag{9}$$

P対NP問題

このミレニアム賞問題は、次のとおり。

P対NP問題
P=NPか?

http://www.cs.toronto.edu/DCS/People/Faculty/sacook.html でクックのHPが見られる

PとNPじゃ違うに決まっている。ごもっとも。もちろん、ここでのPやNPは略号だから、ちゃんと説明しなくてはなんだか判らない。

PとNPは、どちらも（数学的な）問題の集まりだ。そして、PはNPに含まれる。でも、PとNPが等しいかどうかは判らない。

NPとPの意味については、次のような喩《たと》えがある。

「われわれが解決したい問題のほとんどはNPに含まれているが、解ける問題はPに含まれている」

だから、PとNPが違うのと等しいのとでは、われわれの未来が一変する可能性がある。その点の白黒をつけることが、ミレニアム賞問題となったのだ。

P対NP問題は、現在カナダのトロント大学にいるスティーブン・クックが1971年に発表した論文で生まれた。まだ、30歳を過ぎたばかりの若い問題である。

PとNP

PとNPの2つの略号は、計算量という、(数学的な) 問題を解くときの手数に関する性質を表している。

Pに入る問題には、その問題を解く手順で、問題の「大きさ」が増えるにつれて手数が「多項式的」に増えるような手順がある。もう少し正確に説明するために、次の問題を考えてみよう。

> **[因数分解問題]**
>
> 与えられた合成数 (素数でない自然数) の、素因数 (与えられた数を割り切る素数) を見つけなさい。

この問題の場合は、与えられた自然数の大きさが、問題の「大きさ」である。ただし、問題の「大きさ」は (例えば2進法で表したときの) 桁数で表す約束なので、与えられた自然数をNとして、$A=\log_2 N$がこの問題の「大きさ」になる。手数が「多項式的」に増えるとは、「ある自然数kがあって、Nが大きくなると、いずれ常に手数が$A^k=(\log_2 N)^k$より小さくなる」という意味だ (この辺りは後でもう少し詳しく解説する)。Pというのは多項式を表す英語 polynomial の頭文字である。

では、「NPは、Pでないって事か」と思いがちだが、ちょっと違う。確かにNは否定の意味だが、否定するものはPではない。NPに入る問題にも、その問題を解く手順で、問題の「大きさ」が増えるにつれて手数が「多項式的」に増えるような手順がある。このままではPと一緒だ。PとNPの違いは、その問題を解く手順の性質の違いにある。

Pに入る問題で言っている手順は「決定性」、NPに入る問題で言っている手順は「非決定性」である。**図1**のように「決定性」の手順では各ステップにおいて次のステップが一つに決められている。因数分解問題であれば、スタートに与えられた数Nを入力して順にステップを踏み、何か素因数が見つかれば終わるという手順である。そのとき何ステップ踏んだかが、その手順の手数である。

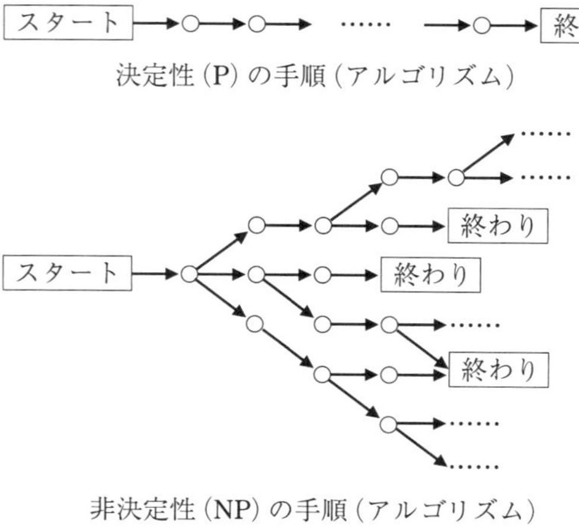

図1 「決定性」の手順と「非決定性」の手順

これに対し、「非決定性」の手順では、次のステップにいくつかの選択肢があってもよい。スタートしてからの手順は、複数の選択肢があるステップでその中の一つを選んで進むので、たくさんの可能性がある。因数分解問題であれば、その中に素因数が見つかって終わりという手順が一つでもあればよいとする。この場合の「手数」は、たくさんの選択肢のうちの、問題が解ける手順の手数を言う。図1を見れば、可能性のあるすべての手順を、並行して進む（並列に処理すると言う）場合に、問題が解けるまでの手数と同じであることが判るだろう。

NPは、英語のnondeterministicとpolynomialのそれぞれの頭文字だ。Nが否定しているのは「決定性」というところだ。

「決定性」の手順は、「非決定性」の手順の各ステップで、選択肢が一つになったタイプと考えられるから、「決定性」の手順は「非決定性」の手順でもある。したがって、PはNPに含まれる。

コンピューターに詳しい人なら、普通のコンピューターは「逐次的」に命令を処理しているという事をご存知だろう。この「逐次的」というのは、プログラムが「決定性」だということに他ならない。つまり、普通のコンピューターのプログラムは「決定性」なのである。

なお、ここで考えている問題を解く「手順」には、数学的な定義が存在する。ふつうは、その定義としてイギリスの数学者アラン・チューリングが考えたものを使う。そこで、このように数学的に定義されているという事をはっきりさせるために、「手順」の事を以下「アルゴリズム」と呼ぶ事がある。もっとも、判りやすさのために「アルゴリズム」を使わないで、「手順」を使う場合もあるが、その場合でも、数学的には意味が定まっているという事を記憶に留めておいていただきたい。

少し難しくなりましたか。順に説明することにしましょう。

問題が「大きく」なると、計算量が増加する

［因数分解問題］に戻って、計算量についてもう少し説明しよう。

ある数Nの素因数を求めるには、その数より小さい自然数で順に割っていけばよい。実際には、与えられた数Nの平方根 $\sqrt{N}$ 以下の数で割れば十分だ（なぜだろうか？）。したがって、割り算１回を１ステップと考えると、（最悪でも）$\sqrt{N}$ ステップを踏めば素因数が求まる。もちろんNによっては $\sqrt{N}$ より少ない手数で解ける場合もある（どういう場合が、最悪だろうか？）。

したがって、［因数分解問題］の計算量（どんな場合でも解けることを考えて、最悪の場合の手数で表す）は $\sqrt{N}$ となる。$\sqrt{N}$ は、N が大きくなれば、それにつれて大きくなっていく。

ある問題の計算量は、その問題に含まれる数の大きさ（これを問題の「大きさ」と呼ぶ）につれて変化する。この変化の仕方が、大問題なのだ。

例えば、「人口が指数的に増加する」と言うことがある。人口の増え方を、人口が時間のどんな関数になるかで表現しているのだ。指数関数になれば指数的、対数関数になれば対

数的と言う。ただし、細かい変動は無視して、傾向としてどうなるかで表現していることに注意する必要がある（**図 2**）。

計算量の増え方も、それが傾向として、問題の「大きさ」のどんな関数になるかで表現する。例えば、傾向として対数関数になれば「対数的」、多項式になれば「多項式的」、指数関数になれば「指数的」と表現する。

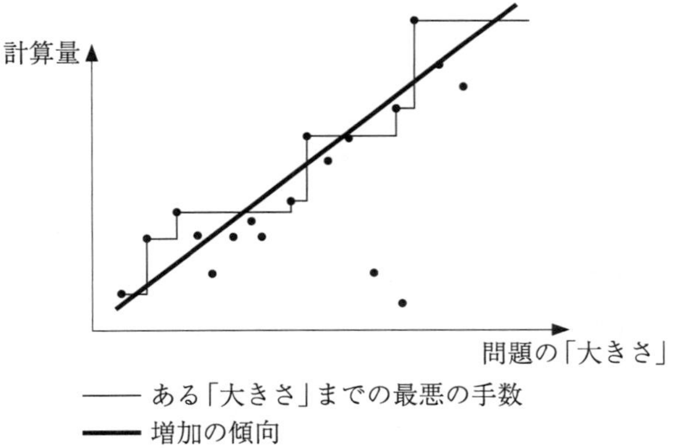

図 2　計算量の増加の傾向

一口に「多項式的」と言ったが、多項式にはいろいろなものがある。しかし、傾向として多項式的になるということは「ある自然数 k があって、A が大きくなると、いずれ常に手数が A^k より小さくなる」ということと同じことだ。さらに A^k は、k がいくつであっても「いつか」は指数関数 T^A $(T>1)$ に追い抜かれてしまう。**図 3** に $k=10$、$T=10$ のときの例を示す。「いつか」とは、A がある程度以上大きくなると、という意味だ。つまり、「指数的」な増加は、「多項式的」な増加より、いつかは必ず大きくなることが判る。

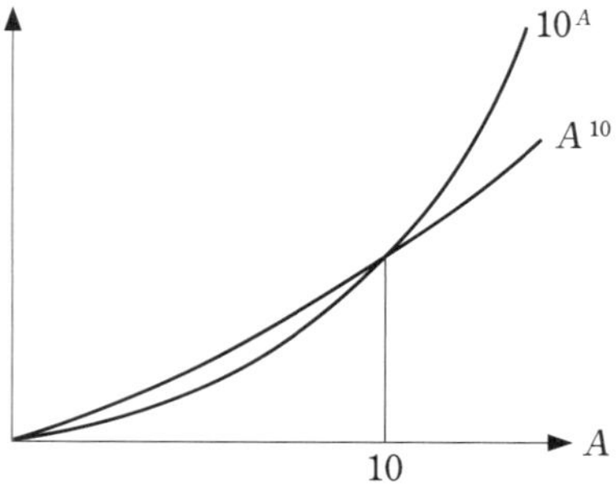

図３　10^AとA^{10}(イメージ図)

因数分解問題と暗号の関係

［因数分解問題］の「大きさ」と計算量を求めてみよう。まず、問題の「大きさ」だ。はじめの方で説明したように、与えられた合成数Nが、問題の「大きさ」だ。ただし、２進法で表したときの桁数で示す約束なので、$A=\log_2 N$ がこの問題の大きさになる。

一方、計算量の方は、（最悪の手数で）$\sqrt{N}$だ。$\sqrt{N}$をAで表してみよう。$A=\log_2 N$ だから、$N=2^A$ なので、

$$\sqrt{N}=(N)^{\frac{1}{2}}=(2^A)^{\frac{1}{2}}=2^{\frac{A}{2}}=\left(2^{\frac{1}{2}}\right)^A=(\sqrt{2})^A$$

となる。したがって、［因数分解問題］の計算量は、問題の「大きさ」Aの指数関数になる。

［因数分解問題］を解くアルゴリズムとして、「与えられた数Nに対し、$\sqrt{N}$より小さい自然数で順に割っていく」アル

ゴリズムを考えると、その計算量は、与えられた数Nの「大きさ」が大きくなるのにつれて、指数関数的に増加することがわかった。このアルゴリズムは、「決定性」手順だから、指数的な増加は、多項式的な増加をいつかは追い越してしまう（普通、早いと言う）ことと合わせて考えると、（このアルゴリズムを採用する限り）［因数分解問題］はPに入らない。

したがって、（このアルゴリズムを採用する限り）判定する数が大きくなると、計算機で素因数を見つけることは、所要時間が非現実的に増加し、事実上解けないことになる。

現在、インターネットで使われている暗号は、この事実を利用している。実際には、「与えられた数の素因数を見つける」ためにここで説明したものよりもっと手数の少ない手順が知られているのだが、それでも判定する数が大きくなるにつれ、「多項式的」に手間が増えるというわけにはいかず、もっと手間がかかっている。

Pに入る問題

現在までに、その問題の「大きさ」が大きくなるにつれて、その(最悪の場合の)計算量が「多項式的」に増える「決定性」手順が見つかっている問題は、Pに入る。したがって、その問題は現在のコンピューターでいかなる場合にも現実的に解けると考えられている。

例えば、次の問題もPに属する。これらはかなり身近な問題だ。

［ソート問題］
与えられたいくつかの数を、小さい順に並べる。
［検索問題］
与えられたいくつかの数の中に、ある数が含まれているかどうか決定する。

パソコンで文書作成するソフトや、表計算をするソフトを使っている読者も多いと思う。これらのソフトにはソートや検索の機能が組み込まれている。これらの問題がＰに属する問題だからこそ、私たちはこれらの機能を安心して使えるのだ。

ここで、気をつけなくてはいけないのは、ある問題がＰに入るか入らないかは、問題を解く手順についての今までのところ知られている情報に基づいた分類だ、という事である。今、Ｐに入らない問題についても、ある日、問題の「大きさ」が増すにつれて計算量が「多項式的」に増える「決定性」の手順が見つかれば、その問題はＰに入る事になる。

例えば、「ある数が素数かどうか判定せよ」という問題（ここでは素数問題と呼ぼう）を考えよう。これを解く一つの手順は、素因数を見つければよい。その計算量はさっき求めた。

しかし、これまで何千年にもわたって数学者が貯えてきた素数についての知見を上手く活用すると、素因数を求めるのとは別の手順で、素数問題を解く事もできる。そして、素因数を求める手順よりも計算量を減らす事ができる。

このように、計算量は問題を解くアルゴリズムによって異なるから注意が必要である。

もっとも、素因数を求めるのとは別の手順が、素因数を求める手順より本当に手数が少なくなるのは、与えられた数が（10進法で）数十桁以上になったときである。ここでは、計算量の「増加の仕方」を問題にしているということをよく理解してほしい。もちろん、増加の仕方が小さい方が、いつかは本当に小さくなるのだが。

インドの衝撃

というところまで書いて推敲していたところで、2002年になって、インドの３人の計算機科学者によって、ついに素数問題はＰに属することが示されてしまった。

この３人の名字は、アグラワルと、カヤルとサクセナという。アグラワルは計算機科学者ではあるが整数論の専門家ではない。カヤルとサクセナは、アグラワルの生徒で、大学の卒業研究として素数問題の計算量を研究していた。

いわば、ダークホースが大問題を解いてしまったわけで、数学者向けの雑誌に載った解説記事の中には『あなたにもできるブレークスルー』という副題を付けたものがあるぐらいだ。証明は、2003年になってからもどんどん洗練されてきている。今ごろは日本語の解説も現れているかもしれない。

この素数問題のように、Ｐに入るかどうか未解決な問題の中には、その気になれば誰にでもＰに入ることを証明できる可能性のあるものはたくさんあるのだろう。あなたも一ついかがですか？　それにしてもラマヌジャン（1920年、32歳の若さで世を去ったインドの天才数学者）を生んだ国はあなどれない。

NPとは

さて、以下の問題は（今のところ）Pに入らない。

しかし、NPには入る。なぜかは、以降で説明する。

問題	問題の「大きさ」
［**巡回セールスマン問題**］ 与えられた地図に書かれたいくつかの町をすべてちょうど1回ずつ回る、最短の経路を決定する。（地図からは、もちろん町と町の間の距離が判る）	セールスマンが訪れなくてはいけない、町の数
［**派閥問題**］ 与えられた人々の集団に、ちょうどある人数からなる「派閥」が含まれているか決定する。ただし、ここでの「派閥」とは、その中のどの2人も知り合いであるような集団のことを指すものとする。（「ある人とお知り合いですか？」と聞かれればどの人も正直に答えるとする）	全体の人数 ※この問題は、普通、何人の派閥を考えるかで別の問題と考える事がある。k 人の派閥を考えるとき k-派閥問題と言う。
［**彩色問題**］ 与えられたグラフ（**図4**）の頂点を、辺で結ばれた頂点同士は異なる色になるように色を塗る事にする。色の数を決めたとき、そのような塗り方ができるか決定する。	辺の数 ※この問題も次の数に応じて別の問題と考えるときがある。 ・使う色の数 ・各頂点から出ている辺の数（「次数」と言う） ・グラフが「平面グラフ」かどうか（一平面上に辺を交差させずにグラフが描けるか）

[一筆書き問題] 与えられたグラフ(図4)が、一筆書きできるかどうか決定する。	辺の数 ※この問題も次の数に応じて別の問題と考えるときがある。 ・各頂点から出ている辺の数(「次数」と言う) ・グラフが「平面グラフ」かどうか(一平面上に辺を交差させずにグラフが描けるか)
[分割問題] 与えられたいくつかの自然数を2つのグループに分けて、それぞれのグループに含まれる自然数の和が等しくなるようにできるか決定する。	与えられた数の個数と、それぞれの数の大きさ

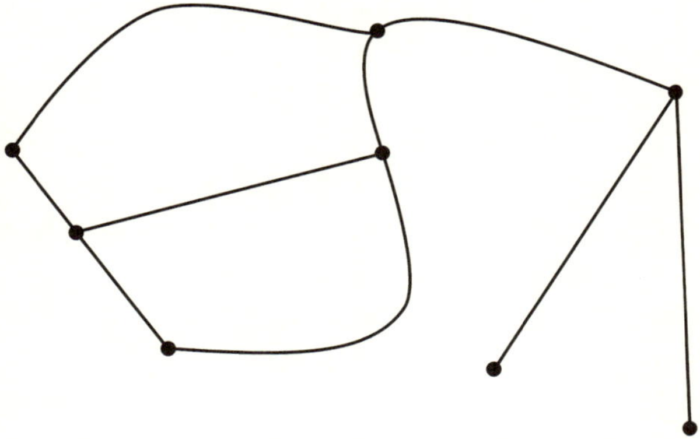

図4　彩色問題や一筆書き問題のグラフの例

NP に入る問題の便利な識別法

しかし、「非決定性」手順の定義はちょっとピンと来ない。実は、次の便利な言い換えがあるので紹介しよう。なお、以下では、「問題の「大きさ」が増すにつれて、計算量が「多項式的」に増える」という部分を、単に「多項式時間で」などと略する。

> 「非決定性」手順で「多項式時間で」解ける
>
> ‖（同じこと）
>
> 解の候補が与えられたときに、それが本当に解になっているかどうかが、「決定性」手順で「多項式時間で」判定できる

四角の中の等号を下から上にたどれば、ある問題がNPに入るかどうかの判定ができる。なお、上から下にたどると、NPに入るどんな問題も、解を与えて判定させる問題に変形すると、Pに入る事が判る。

［因数分解問題］も、素因数の候補が与えられれば、1回割ってみればよいだけだから、与えられた合成数Nがいくつであっても、このチェック手順の計算量は定数、すなわち増加は「多項式的」より小さい。（ここでは、割り算1回を1ステップと勘定している）

もちろんこのチェック手順は「決定性」だから、［因数分解問題］については、上の四角の中の、下の事柄が成り立っている。そこで、下から上に言い換えれば、［因数分解問題］を「多項式時間で」解く「非決定性」の手順が存在するので、［因数分解問題］は計算量を計算しなくても、NPに属する事が判る。

また、先の表にまとめた問題もNPに入る。しかし、(今のところ) Pには入っていない。ただし、あくまでも、その問題を「多項式時間で」解く「決定性」のアルゴリズムが、現時点で知られていないというだけで、将来見つかるかもしれない。そのときには、その問題はNPの中の、さらにPの中に入る事になる。

ミレニアム賞問題の解き方教えます

ここで、読者の皆さんに、耳よりな情報をお知らせしよう。表にまとめた4問の内の「どれか一つ」について多項式時間で解く「決定性」アルゴリズムが見つかると、P＝NPが判る。つまり、あなたは100万ドルを手にする事になる。(しかし、セキュリティの暗号が破られて、あなたの100万ドルは消滅するかもしれない！)

ミレニアム賞問題は、現時点でPに入る事が判っていないNPの問題にも、結局は多項式時間で解く「決定性」アルゴリズムが見つかってみんなPに入ってしまうのか？　というものだ。

だから、Pに入る事が判っていないNPの問題それぞれに対して、その問題を多項式時間で解く「決定性」アルゴリズムを見つけなくては、P＝NPとは言えない。しかし、私は表の問題のうちの「どれか一つ」がPに入る事が判るとミレニアム賞問題が解けてしまうと言った。

注意してほしい。「(表の中の) 一つについて判れば、全部判る」と言ったのだ。

いったいどうした事か。Pに入らないNPの問題はそれこそ無数にあるのに、一つについて判れば終わりとは、これ如何《いか》に。

「NP 完全」問題

実は、計算量の観点からは、表にまとめてある問題は、どれも同じ「難しさ」であることが判っている。詳しく言うと、表の中のいずれかの問題（どの問題でもよい！）を多項式時間で解く「決定性」アルゴリズムが存在すると、その事からすべての NP に入る問題に対して、その問題を多項式時間で解く「決定性」アルゴリズムが存在することが導かれてしまうのだ。

このような性質を持つ問題を「NP 完全」問題と言う。表にまとめてある問題は、どれも、「NP 完全」問題なのだ。

どういう事かというと、表の中のいずれかの問題を A とす

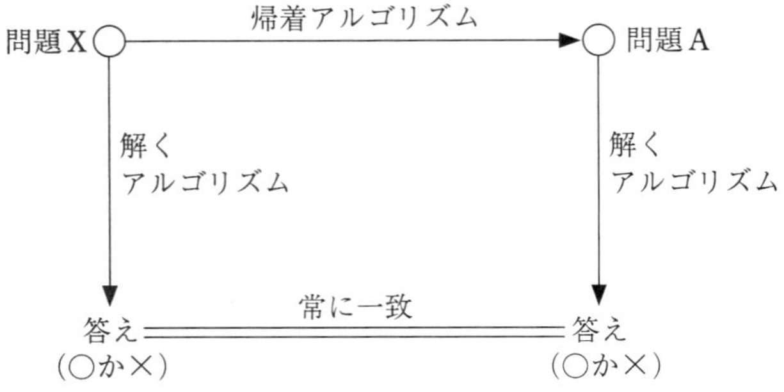

図５　問題 A は問題 X より難しい

ると、NPに入る勝手な問題Xとの間に下の四角の中の2つの事が成り立つのだ。ただし、どちらの問題も、○か×かで答えられる問題（判定問題と言う）であるとする。（計算して答えを出すどんな問題も、この形に直せる）

1）問題Xを問題Aに帰着させるアルゴリズムが存在して、問題Xの与えられた条件（例えば、因数分解問題だと「与えられた合成数」）に対する答え（○か×）と、対応する条件が与えられた問題Aの答え（○か×）が、常に一致する。

2）しかも、その問題Xを問題Aに帰着させるアルゴリズムは、問題Xの「大きさ」が大きくなるにつれて、手数が多項式的に増加する「決定的」なアルゴリズムである。

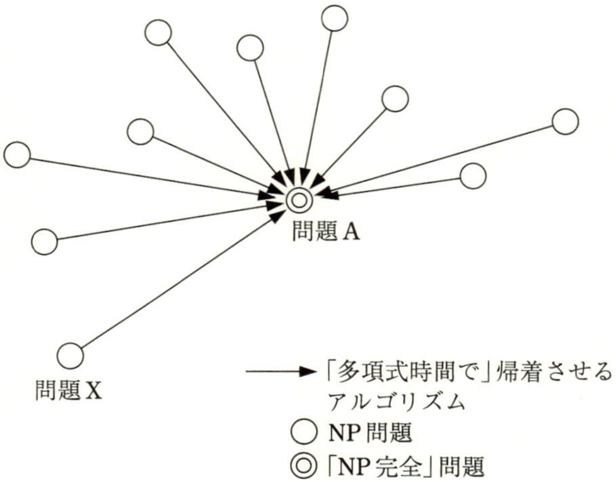

図6　問題Aは「NP完全」問題である

つまり、**図5**のような状況が成り立つのである。要するに、問題Aが解けるなら問題Xも解けるというわけで、問題Aは問題Xよりも難しいという事である。なお、帰着させるアルゴリズムの「向き」と、解けるか解けないかに関する論理的な「向き」は逆になるので間違えないように。

さらに、問題XはNPに入る問題ならどれでも良かったから、**図6**のような状況になっている。問題AはNPに入っている問題の中で最も難しいのである。このとき、問題Aは「NP完全」問題である。

ミレニアム賞問題の解き方、本当に教えます

ここで、問題Aを「多項式時間で」解く「決定性」アルゴ

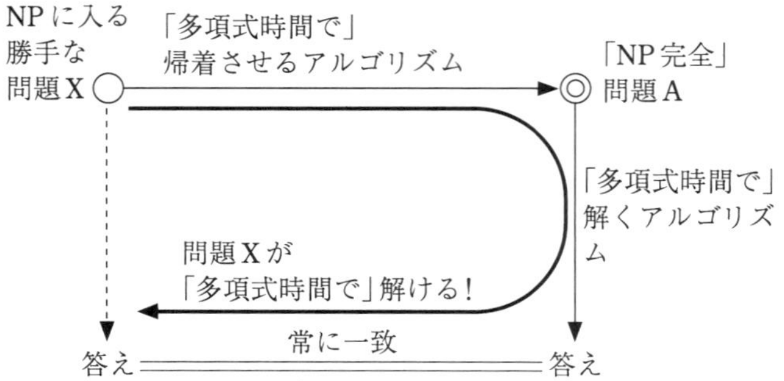

図7 「NP完全」問題AがPに入れば，NPに入る全ての問題XがPに入る

リズムがあるとしよう。このとき、NPに入る勝手な問題Xに対して、問題Xを問題Aに「多項式時間で」帰着させる「決定性」アルゴリズムがあるから、**図7**のように問題Xを「多項式時間で」解く「決定性」アルゴリズムがあることになる。すなわち、「NP完全」問題AがPに入れば、NPに入るすべての問題XがPに入る事になる。

「NP完全」問題は複数あっても構わないが、そのどれかがPに入る事が判れば、P＝NPである事が判るわけだ。これが、先に「表の中のどれか一つの問題がPに入る事が判れば、P＝NPが判る」と言い放った理由だ。しかし、「NP完全」でない、あるNP問題がPに入る事が判っても、それだけではP＝NPとは言えない事に注意しよう。

P≠NPを示すのは大変

実は、計算機科学者のほとんどは、P≠NPの方に賭けている。表の問題がNPに入るように、NPには実用上重要な問題がたくさん入っている。しかし、コンピューターが本格的に実用化されてこのかた（40年くらい？の間）、多くの人がプログラムの改良を重ねたにもかかわらず、大してスピードアップがはかられていない問題がほとんどだからだ。

正しいのがP≠NPだとしてみよう。その事を証明するには、NPに入るある問題について、それを多項式時間で解く決定性アルゴリズムが存在しない事を示さなくてはならない。存在する事を示すのなら一つ見つければ良いが、存在しない事を示すのは至難だ。今のところ知られていないというのではもちろん不十分で、未来永劫、宇宙中のどこを探してもないことを証明しなければいけないのだ。

NP完全問題は童顔で、百面相をする

最初の「NP完全問題」は、現在カナダのトロント大学にいるスティーブン・クックが1971年に発表した論文で報告された。その中で彼はいくつかの「自然な」問題が「NP完全」である事を示した。

以来、「NP完全」問題は何千と見つかっている。その中から2つ例をあげよう。

例1　SAT（satisfiability、充足可能性問題）

・ある、記号～（否定）と、∧（かつ）と∨（または）で作られる論理式が与えられたときに、その式の値を真（true）にするような、変数の値（真（true）か偽（false））の決め方がある（ある場合、「充足可能」と呼ぶ）かどうか判定せよ。

※この場合は与えられた論理式の長さが、問題の「大きさ」になる。

具体的な例で考えてみよう。

（例1）論理式

$$((\sim x) \vee y) \wedge ((\sim y) \vee z) \wedge (x \vee (\sim y) \vee z)$$

は、x, y, z をすべて真にすれば、真になるから、充足可能である。x, y, z の他の取り方についても充足可能である（それは、どんな組み合わせか？）。

（例2）論理式

$$((\sim x)\vee y)\wedge(x\vee y)\wedge(\sim y)$$

を真にするには、yを偽にしないといけないが、すると $((\sim x)\vee y)$ と $(x\vee y)$ は同時に真にする事はできない。したがって、充足可能ではない。

例2　3－SAT

SAT問題を、∧で結合されるどの（　）の中でも、多くても3つの変数が∨で結ばれている場合に限ったとき、その式の値を真（true）にするような、変数の値（真（true）か偽（false））のきめ方があるかどうか判定せよ。

3－SATはもちろん、SATでさえ簡単そうに見えるのにこれがNP問題の中でもっとも難しいとは驚きである。「NP完全問題」は若くて童顔である。が、見かけにだまされてはいけないということ。もっとも百面相をされてもだまされるな、というのは難しい。

NP完全問題は個性派である

「NP完全」問題は、実にいろいろな問題があり、それぞれ個性的である。

例えば、「中国人郵便配達問題」という名前の付いた問題がある。「巡回セールスマン問題」は同じ町を2度訪れないですべての町を回る問題だったが、郵便配達の方は、道の方をすべて通る事になっていて、しかも何度通っても良い。この問題は、担当区域内の道に一方通行と相互通行の道が混在しているとNP完全になる。一方通行だけ、あるいは、相互通行だけだとPに入る。面白いでしょう。

身近（？）なところでは、Windowsパソコンにならどれにでも入っている地雷探しゲームと、NP完全問題との間に深い関係があることが知られている。英語の勉強と思って、クレイ数学研究所のホームページで読める、イアン・スチュアートの解説で楽しんでほしい。もっと詳しく知りたければ、そのページからこの事実を発見したリチャード・ケイエ(Kaye) のページへのリンクをたどってみればよい。

量子力学の威力は「P=NP?」にも及ぶか?

Pに入らない問題は、今のコンピューターで扱うと、問題の「大きさ」が大きくなるにつれて計算時間がどんどん長くなり、答えが出てこない事にしびれを切らした気の短い誰かが妙な決断を下せば、人類が滅亡してしまう事にもなりかねない。

しかし、新たな原理のコンピューターなら話は違うのではないか？　そのようなものの中で今注目されているのが量子コンピューターと呼ばれるものである。

普通のコンピューターでは、あるステップから次のステップに進むとき一つのデータだけしか引き継ぐ事ができない。これを逐次処理と言う。問題を「決定性」アルゴリズムで処理せざるを得ないような構造に、原理的になっているのだ。

そこで、「非決定性」アルゴリズムを処理したければ、コンピューターを複数用意して、複数のケースを一斉に処理する事にすれば良い。これを並列処理と言う。しかし、用意できるコンピューターの数にも限りがあるから、ケースの数が多くなるといずれは限界がやってくる。これが、Pに入らない問題は今のコンピューターでは処理できなくなると、多くの研究者が考えている理由である。

では、一つのコンピューターでたくさんのケースを同時に扱えるようにできないだろうか。そうなればNPに入る問題も扱える。そのためには複数のケースの情報を重ね合わせてひとまとめに計算できればよい。この考えを、それぞれのケースを量子力学での「状態」に対応させて実現させようというのが、ドイッチュという物理学者の考えた「(ユニバーサル) 量子コンピューター」のアイディアである。

「これはすごい！かも」というので盛んに研究されだしたが、研究が進むと、これはこれで、いろいろ困った性質も持っている事が判ってきて、1980年代の後半にはこのアイディアのブームは去ったかに見えた。

この状況を、ショアという計算機科学者が1994年に示した事実が一変させる。それは、「量子コンピューターを用いると、因数分解問題を多項式時間で、だいたい解くことができる」という事実だった(「だいたい」というのは、量子力学では予測が確率的にしかできない事に対応している。しかし、間違う確率はいくらでも小さくできる)。

現在のインターネットの暗号システムは、因数分解問題が(あくまで現時点で) Pに属しておらず、数が大きくなると素因数分解をするのに要する時間が急激に大きくなるという事実を利用している。これを高速に解かれてしまってはたまったものではない。しかし、量子コンピューターを実現させる事はそんなにすぐにできそうもないので、今しばらくはご安心あれ。

因数分解問題は、NPには入る。だが、「NP完全」であることはまだ示されていない。だから、ショアの結果は、P対NP問題に関しては何も教えてはくれない。しかし、量子コンピューターが、本質的に新しい進展をもたらしてくれるだろう事は確かだ。

NP問題の外側とP対NP問題の重要性

もちろん、NPに入るかどうかさえ判らない問題もある。そして、それらの間には、PやNP以外の様々な問題のグループが考えられていて、P対NP以外にも、それらの（包含）関係が重要な問題として研究されている。そのうちにはP対NPと関係の深い問題もあって、そっちの方向からP対NPにアタックする事も行われている。

ところで究極の外側に、次の事実がある。

> **次の問題を解くアルゴリズムは存在しない**
>
> 与えられたプログラムと、与えられた入力に対して、そのプログラムが計算を終えて止まるか、あるいはいつまで経っても計算しつづけて止まらないかを判定せよ。

この事は、1930年にチューリングにより示された。

その後の第二次世界大戦の中で、コンピューターが開発され、様々な問題を解くのに利用されるようになった。しかし、上の事実を知ってしまった数学者の多くは、いかに効率的なプログラムを作るかという問題意識を持ちにくかったのではないだろうか（「プログラムなんか作れないよ」とか、「答えさえ出ればよい」といったところだったのではないか）。その事は、1971年になってはじめて、計算量の理論が数学の一分野として認知されたとされる点に如実に現れていると思う。そして、同時に計算量の理論の基本的な問題として、P対 NP 問題も生まれた。

これまでの解説の中で何度か触れたように、現実問題としてわれわれが解きたい（あるいは解かなくてはならない）問題の多くは NP には入っている。だが、現在の原理のコンピューターを利用する限り、われわれが答えが出るまで待てる問題は、P に入る問題だと考えられている。P＝NP であることが判れば少しは未来は安心かもしれないが、P≠NP だとしたら、できるだけ早く新たな方向を模索しなくてはならない。誰か早く P 対 NP 問題に決着をつけてほしいものである。

ポアンカレ予想

「ポアンカレ予想」はとても有名な予想である。そしてその意味するところも（数学用語を知っていれば）とても簡明である。それにもかかわらず、とても難しい予想で、誰にも解けないままおよそ100年が経過しようとしている。

ポアンカレ予想というのは、以下の命題である。

これは、クレイ数学研究所のホームページで読める、ミルナーの解説に出てくる表現だ。専門用語が出てくるが、まずは、気にしないで読んでみましょう。

ポアンカレ予想

境界のないコンパクトな3次元多様体Vを考える。Vの基本群がトリビアルであるにもかかわらず、Vが3次元球面にホメオモルフィックでないということが、起こり得るだろうか？

「境界のない」3次元多様体というのは、どの点の周りにもわれわれの目の前の空間と同じように、上下、左右、前後の独立な3方向を考えることができるような図形のことだ。豆腐の角や辺、さらに面にある点はダメである。「境界のない」

H. ポアンカレ（1854―1912）

3次元多様体の点は、どれも豆腐の「中」の点と同じ状況にある。しかし、さらに「コンパクト」となっていると、豆腐の中の状況が延々と続くわけにはいかない。というか、延々と続いているように見えていても、数直線のようではなく円のように、外から見ると「閉じて」いなくてはいけない。（しかし、中に入っていながらその事を知るのは難しい。そのあたりが、「ポアンカレ予想」の難しさにも通じている）

さて、「基本群がトリビアル」とは何を言っているのか。ポアンカレ予想は、3次元多様体で「基本群がトリビアル」なものは、3次元球面という、3次元多様体の中でもっとも判りやすいものの他には（本質的には）ない、という事を予想している。したがって、「基本群」という言葉とそれが「トリビアル」という事が何を意味しているのかが、ポアンカレ予想を理解する鍵になる。

「トリビアル」は、数学では「自明」と訳すことが多い。そして、「基本群がトリビアル」ということは、「考えている多様体の中にある輪ゴムをジリジリと移動させると、終いには1点になってしまう」という状況を指しているのだが、まずは、2次元の場合から見ていこう。

2次元多様体の地図

2次元多様体とは、いわゆる曲面のことだ。(境界のないコンパクトな) 2次元多様体は、基本群を見ると全体の形が判ってしまう。そのことを説明しよう。

子供の頃読んだSFに、地表に穴が開いているという話があった。地表の割れ目か何かから地下に降りていったら、地下にも太陽が照っていて、そこにはなんと地上では絶滅したはずの恐竜(だったと思う)が闊歩《かっぽ》している、という話だった。夢中になって一気に読んだことを覚えている。

さて、では「地球に」穴が開いていたらどうなるだろうか。地球が、球じゃなくてドーナツだったらどうなるか、ということである。だったら、地球でなくて「地ドーナツ」だ、という意見はごもっともだが、例えば、エラトステネスは、正しくドーナツだと見抜けただろうか。

この「穴の開いた地球」名付けて「地ドーナツ」の地図作りのための測量隊が出発したとする。何年かして、測量隊が戻ってきた。測量隊は手始めとして、探査路の近くの地図をきちんと作ってきた。

次の測量隊は、前回の探査路から少しずれた探査路を通ることにしよう。そこで、最初の探査路の進行方向に向かって右側にずれた探査路を通ることにした。何年かして測量隊が戻ってきたときには、地図が少し大きくなった。

次の次の測量隊は、さらに少しずれた探査路を通って来ることにした。今回も、2度目の探査路に向かって右側にずれた探査路を通ろう。

という具合で測量隊は地図作りに邁進《まいしん》していった。

地球の地図

ここで、ちょっと地球で同じことを考えてみよう。最初に測量隊がたどった探査路は（だいたい）赤道だったとしよう。すると、2回目は、赤道の北側をたどり、3回目は2回目の探査路の少し北側を、そして、4回目は3回目の少し北側を、という具合にたどることになる。

測量隊の探査路は、回を重ねる毎にどうなるだろうか？

あるいは、こういう言い方もできる。球面の上に赤道に沿って輪ゴムを掛ける。輪ゴムの1ヵ所（測量隊の出発地に対応する）を動かさないで止めておいて、輪ゴムを少しずつ北にずらしていく。一応、輪ゴムは地表にいつまでも貼り付いていることにすると、どうなるか？

輪ゴムは少しずつ縮んで、いずれは、動かさないで止めている場所に縮んでくるだろう。そう、地球上では測量隊の探査路の長さは、少しずつ短くなって、やがては0になるに違いない。

さて、翻って我らが「地ドーナツ」測量隊の探査路の長さはどうなるかと見るに、同じように徐々に短くなっていった。しかしある時を境に、奇妙なことが起きた。今度は少しずつ探査路が長くなりだしたのだ。

穴が問題

実は、「地ドーナツ」に穴があることは、まだ知られていなかった。まあ、みんななんとなく「そうなんじゃないかなー」と、うすうす思ってはいたが、それが、ある事件をきっかけとして揺るぎないものとなった。その事件とは？

ある日、小惑星の一つがこのままいくと「地ドーナツ」にぶつかりそうだということが発見された。当然、「地ドーナツ」上はパニックに陥ったのだが、その様子はミレニアム賞問題とは関係がないので省略しよう。さて、いよいよ衝突の日が近づいて、みんながあたふたしていると果たして小惑星がやってきた。「わー、ぶつかる！」と、みんなの心臓が止まりかけた刹那《せつな》、小惑星が遠ざかっていくではありません

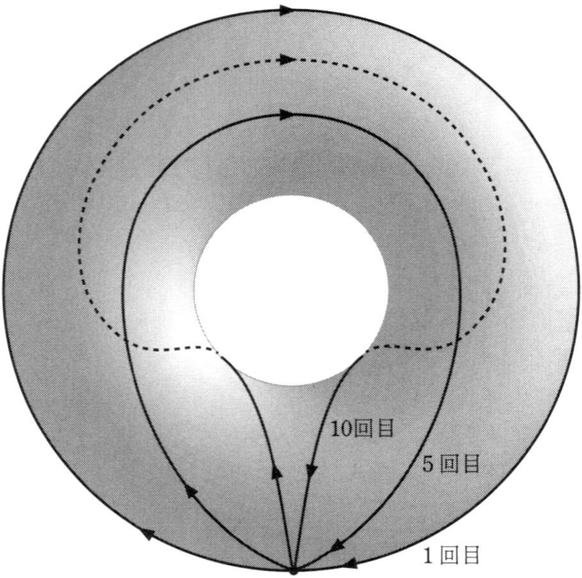

〈北極星から見たところ〉

図１　「地ドーナツ」の測量隊のたどった道

か。そのとき、みんなは真実が明るく照らし出されるのを見たのでした。「穴だ！」

これが、「地ドーナツ」発見の物語である。

我らが測量隊の話に戻ろう。問題は、ドーナツの穴である。測量隊は**図 1** のように、この穴の周りをぐるぐる回っていたのだ。輪ゴムの話で言い換えると、ドーナツの穴の周りに輪ゴムを巻きつけると、どうずらしても穴の周りを回っていて、一点に縮んでくれない。（ドーナツの重力は強く、輪ゴムは地面から離れられないとする）

地球では様子が違った。地球と「地ドーナツ」の違う点は、地球には穴はないが「地ドーナツ」には穴があることだ。だから、輪ゴムを巻き付けて少しずつずらしたときの様子の違いは、穴があるかないかと密接に関係しているに違いない。このことこそが、ポアンカレ予想の話のポイントだ。

地図の完成

地球と「地ドーナツ」の測量隊はどちらも全体の測量を終えて、それぞれの地図を完成させた。地球の測量隊はさっきの話では北半球だけなので、測量隊は再び赤道に戻り、今度は少しずつ探査路を南にずらしながら測量して、地球全体の測量を終えた。それを**図 2** にお目にかけよう。

少しデフォルメして、地球も「地ドーナツ」も正方形で書いてある。それは、長さの方は多少ならどうでもよいからなのだ。いままで短くなったのなんのという話をしていたのにずいぶんひどい話だが、測量法がかなりいいかげんで、距離の測定値が怪しく、しかも結構うねうね探査していたからなのだ。

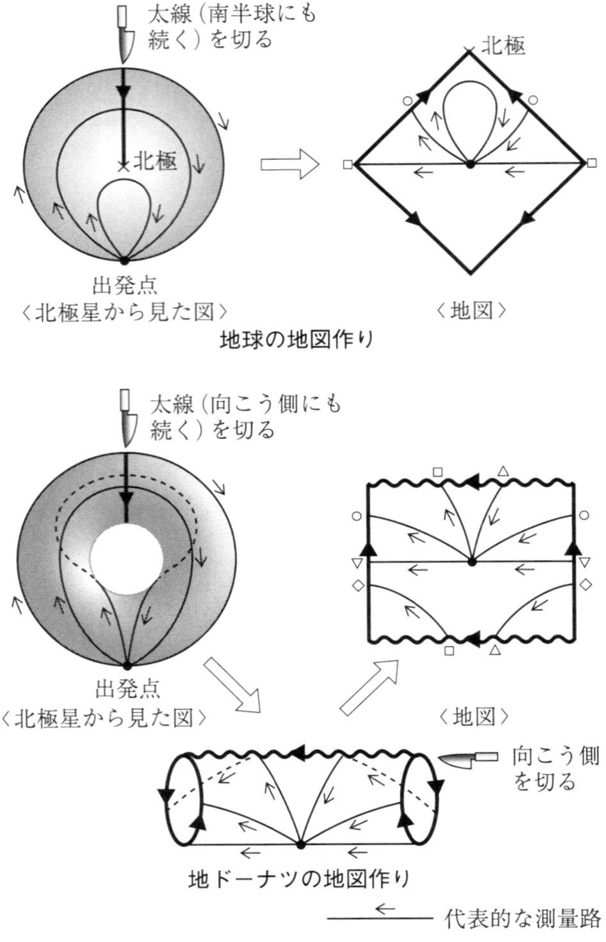

図２　地球と地ドーナツの地図作り

だから、長さは当てにならない。それより、先の話で大事だったのは、

①地球では、なんだかんだいっても探査路の長さはいくらでも短くなりそうだ
②「地ドーナツ」では、探査路の長さはある（0より大きい）長さより短くはならないことがありそうだ

ということなのだ。

そういうわけで図2に示した地図はどちらも正方形になってしまった。しかし、この正方形から、地球も「地ドーナツ」もその縁を貼り合わせれば作れる。ただし、その貼り合わせ方、特にどの辺とどの辺を貼り合わせるのか、ということは地球と「地ドーナツ」とでは当然、違うのだが。そういう意味では、この「地図」は正しくは展開図である。

輪ゴムと基本群

ここまでの話で何が判ったかというと、まず図形の上に輪ゴムを置いて少しずつずらした様子を観察すると、例えば、穴があるかないかという、図形の形でその様子が違うことが判った。地球の測量隊も我らが測量隊も、どちらも探査を繰り返して地図を作った。ということは、図形の上を輪ゴムがどのようにずれていったかという情報から元の図形が判る、ということになる。

つまり、図形の上に輪ゴムを置いてずらしたときにどうなるか、という情報は、元の図形についての有力な情報である。輪ゴムの置き方はいろいろあるし、ずらした結果ももち

ろん最初の置き方によるわけだが、ありとあらゆる置き方をして、ずらしていくといずれは一点に縮んでしまうのか、はたまた、いつまでたっても輪のままなのかという情報を掻き集めれば、元の図形が判るのではないかと考えられる。

フランスの数学者ポアンカレもそう考えて、そのような情報を集めたものを研究した。これには、現在では「基本群」という名前が付いている。図形についての基本的な情報の集まりというわけだ。(「群」は「群れ」というだけではなくて、数学の用語で代数的な構造を持っている集まりを指す。「バーチ、スウィンナートン=ダイアー予想」のところ(44ページ以下)で少し説明している)

ポアンカレ予想はどうして生まれたか?

ここまで考えてきた地球の表面や「地ドーナツ」の表面は、曲面と呼ばれるものだ。曲面は、「2次元多様体」と呼ばれる。だから、(境界のないコンパクトな) 2次元多様体については、地球と「地ドーナツ」の測量隊が地図を作ったように、「基本群」の中身を見ると、穴がいくつあるかが判り、さらに展開図が作れる、ということはすなわち、元の図形が判るのだ! このことは穴がいくつあっても正しい。

地球の表面は、2次元多様体の中でも「2次元球面」と呼ばれるものになっている。地球の表面に置いた(仮想的な幅や体積のない)輪ゴムは、少しずつずらしていくと必ず1点に縮めることができる。このとき、「基本群はトリビアル」と言う。

(2次元の)曲面では、基本群を見れば、どんな曲面か判るのだった。だから、基本群がトリビアルな曲面（＝2次元多様体）は、2次元球面に「同じ」だ、ということが判ってしまう。「同じ」は今の場合、数学的に「ホメオモルフィック」と呼ばれるものだ。地球と地ドーナツの地図を作るとき、長さの多少の違いは無視してデフォルメした。このときの変形は、点同士の相対的な遠近関係を変えない変形だったのである。このような変形を「連続的な」変形と呼び、「連続的な」変形をすると互いに移り合うことを「ホメオモルフィック」と言う。

2次元では、次のことが判ったわけだ。

$$\left(\begin{array}{l}\text{基本群がトリビアルな}\\ \text{曲面(2次元多様体)}\end{array}\right) \xleftrightarrow{\text{ホメオモルフィック}} (\text{2次元球面})$$

ポアンカレは、「3次元ではどうだろうか」と考えた。つまり、上の2を3にしたのだ。(というのは、後で説明するように実際にはウソだが、本質的には正しいと思う)すると、次のようになる。これが、ポアンカレ予想に他ならない。

$$\left(\begin{array}{l}\text{基本群がトリビアルな}\\ \text{3次元多様体}\end{array}\right) \xleftrightarrow{\text{ホメオモルフィック}} (\text{3次元球面})$$

3次元球面が何か、ということは少し後で説明する。3次元球面の基本群はトリビアルだから、3次元球面にホメオモルフィックな図形の基本群もトリビアルである。互いにホメオモルフィックな図形の基本群は同じだからだ。

問題は、基本群がトリビアルなら3次元球面にホメオモルフィックかどうかが真の問題である。(冒頭で注意したように、「境界のないコンパクトな」という部分を無視しているのでここでの話は厳密な話ではない)

ポアンカレはこんな調子でこの予想を行ったのだろう。しかし、ポアンカレにも、その後の誰にも証明できなかったので、予想として今に生き残り100万ドルの賞金が懸かってしまった。発想としては、「2次元で正しいなら、3次元ではどうか」というわけで、至極自然極まりない、素直な発想だ。しかし、現実の世界の方はそう素直ではない。

ポアンカレの考えたこと

ポアンカレは、19世紀後半から20世紀前半にかけて活躍したフランスの天才的な数学者だ。現代数学の父の一人である。ポアンカレ予想に関連するトポロジーの他にも、カオス理論の先駆けとなった研究もしている。

ポアンカレ予想に関連した事柄を研究する分野は、現在「トポロジー」とか、日本語だと「位相幾何学」と呼ばれている。この分野の基礎はポアンカレたった一人によって築き上げられたようなものだ。

ポアンカレは1895年から1904年までの間に「位置解析」に関する、6編の論文を発表した。これらの論文で、位相幾何学の基礎が作り上げられた。彼の40歳から50歳までの期間に当たる。

この「位置解析」とは、何だろうか？　最初の論文の序論を見ると、だいたい次のようなことが述べられている。

> 数学のいろいろな問題を考えるときに、図形を使うことはとても有用である。だが、我々は、いつも図形を正確に認識できるわけではない。しかし、正確に認識できなくても、次のような条件を満たしていれば、我々は正しい推論を行うことができるだろう。つまり、各部分の大きさの割合は大まかに変わっても良いが、各部分の相対的な位置が変わらなければ良い。

「位置解析」というのは、そのような、図形の厳密な大きさは問題としないで、その上の点の相対的な位置関係を問題として研究することを指している。そのような研究は、数学のいろいろな問題の研究に有益だとポアンカレは言っているのだ。

先に「ホメオモルフィック」と呼んだのは、このように、「図形の大きさは問題としないで、その上の点の相対的な位置関係を問題とする」立場で「同じ」ということを指している。

地球と「地ドーナツ」の話でも、測量隊の結果は細かいところまで信用することは（できないから）意味がない、という立場で話をまとめた。この立場が、ポアンカレの言う「位置解析」の立場に他ならない。

ポアンカレ予想は1904年の「位置解析への第５の補足」という論文に登場する。実は、「位置解析への第２の補足」では、ポアンカレ予想の中の「基本群」が、「（１次および２次の）ホモロジー群」になって同様の予想が述べられている。しかし、「（１次および２次の）ホモロジー群」のままでは、予想は正しくない。「（１次および２次の）ホモロジー群」は「基本群」に比べて、少し情報が失われているのだ。（「ホモロジー群」については後でも出てくるが、詳しくは説明しない。ざっくりと説明すれば、それは考えている図形の中に、ある条件を満たす他の図形が、どのように入っているかに関する情報の集まりだ。その点では、「(1次および2次の) ホモロジー群」も基本群と共通している) ポアンカレでさえ、常に正しいとは限らなかったわけだが、その反例は「第5の補足」でポアンカレ自身が発表しているあたり、さすがである。そして、その結果として修正された予想の方は、100年近くも誰にも解決できなくて、ついにミレニアム賞問題の一つになってしまった。

3次元球面の話

ポアンカレ予想を述べた文章の中には「3次元球面」というのが出てきた。地表面が「2」次元球面というのは判るけど、「3」次元球面って、なに？　だいたい球「面」というからには、2次元じゃないの？　と思った人も多いだろうから、ここで解説をしよう。

円とは何だったか。「平面上の点で、ある1点から同じ距離にある点の集まり」を「円」と言って、「ある1点」をその「円」の中心と言うのだった。

これに対して、球面の方は「空間の中の点で、ある1点から同じ距離にある点の集まり」だった。

円も球面も、文章の後半は同じだが、前半が違う。円の方は「平面上の」で、球面の方は「空間の中の」だ。「平面」は「2次元空間」で、球面の方の「空間」は正確には「3次元空間」である。

つまり、「3次元空間」の中にある球面を「2次元球面」と呼んだ。

一つずつ数を大きくすると、「3次元球面」とは、「4次元空間の中の点で、ある1点から同じ距離にある点の集まり」のことになる。

もっと一般には、「n次元空間の中の点で、ある1点から同じ距離にある点の集まり」のことを「$(n-1)$次元球面」と言う。「n」次元空間の中にあるのが、「$(n-1)$」次元球面で、頭に付く数が1つ減ることに注意。「ある1点から同じ距離にある」という条件のおかげで、広がりのある方向が1つ減っているのだ。

（この伝でいくと、「円」は「1次元球面」になるが、円は線で面じゃない、変ですね。でも、そんな事にはこだわらずに、一貫性を尊重するのが数学なのだ）

高次元のポアンカレ予想

$(n-1)$次元球面の基本群は次のようになる。

1次元球面$(n=2)$の基本群$=\boldsymbol{Z}$
2次元球面$(n=3)$の基本群=「トリビアル」
3次元球面$(n=4)$の基本群=「トリビアル」
・・・
$k(k\geqq 2)$次元球面$(n=k+1)$の基本群=「トリビアル」

ポイントは、2次元球面から上（次元が「上」ということで、表では「下」）になると、基本群が「トリビアル」ということだ。

1次元球面の基本群は「トリビアル」でなく$\boldsymbol{Z}$になっている。$\boldsymbol{Z}$は整数全体のことで、+（足し算）を「演算」として「群」になる。1次元球面とは（平面上の）円のことだから、輪ゴムがこの円に（左回りに）何周巻きついているかを、$\boldsymbol{Z}$の中の整数が表している（右回りはマイナスにカウントする）。

さて、2次元球面から上は、基本群が「トリビアル」である。3次元球面の基本群がトリビアルだったとしたら、というのがポアンカレ予想だった。しかし、4次元球面も5次元球面も、さらに100万次元球面も、10兆次元球面も基本群はトリビアルである。

ということは、4次元球面についても5次元球面についても、さらに100万次元球面についても、10兆次元球面についても、ポアンカレ予想のようなことを考えることができるわけだ。

例えば、4次元についてのポアンカレ予想は、次のようになる。

> **4次元のポアンカレ予想**
> （境界のないコンパクトな）4次元多様体の基本群がトリビアルなら、4次元球面にホメオモルフィックになる。

この「4」のところを、5でも6でも、はたまた、100万でも10兆でも好きな数にすれば、その次元についてのポアンカレ予想を考えることができる。

現実には、4次元以上の図形は自由度が多い（多種多様）なため、基本群がトリビアルという条件だけ仮定したのでは、いくらでも4次元球面に「ホメオモルフィック」でないものがぞろぞろ出てきてしまう。

そこで、「(その次元の球面と)ホモロジー群が同じで」という条件を付ける。「ホモロジー群」というのは、考えている数学的な図形の中に、(ある条件を満たす)図形がどのように入っているかに関する情報の集まりだ。これも基本群と同様に、数学で言う「群」の構造を持っている。

多様体とは何かについて、詳しくは「ホッジ予想」のところを読んでいただくことにして、そのホモロジー群の話を続けると、n次元多様体Mのホモロジー群は($n+1$)個あり、$H_0(M, \boldsymbol{Z})$, $H_1(M, \boldsymbol{Z})$, $H_2(M, \boldsymbol{Z})$, …, $H_n(M, \boldsymbol{Z})$と書かれる。$H_1(M, \boldsymbol{Z})$が先に出てきた「1次ホモロジー群」だ。

n次元球面(S^nと書く)のホモロジー群は、

$H_0(S^n, \boldsymbol{Z})=H_n(S^n, \boldsymbol{Z})=\boldsymbol{Z}$で、残りは「トリビアル」になる。「トリビアル」な群とは、ただ一つの元からなる群で、いまの場合演算は足し算(+)なので、それは0だけからなる「群」である。それを{0}と書くが、括弧はなくても判るので0と書くことがほとんどである。

一方、n次元多様体Mの基本群は$\pi_1(M)$という記号で表す。「π」は円周率の「パイ」だ(でも、ここでは円周率は意味しない)。基本群の演算はかけ算(×)なので、「基本群がトリビアル」ということは、$\pi_1(M)=1$と表す。(なお、$\pi_1(M)=1$となるMを「単連結」と呼ぶ)

さて、4, 5, 6, …, 100万, …, 10兆, …,(どんどん続く), …,(どこまでも続く)といちいち書いていては面倒だし、場所を取るので、まとめて次のように書く。せっかくだから紹介した記号を使うことにしよう。

（修正した）高次元のポアンカレ予想（一般化されたポアンカレ予想と言うこともある）

4以上の自然数nについて、（境界のないコンパクトな）n次元多様体Mのホモロジー群$H_i(M, \boldsymbol{Z})$ $(i=0, 1, 2, \cdots, n)$がn次元球面S^nのホモロジー群$H_i(S^n, \boldsymbol{Z})$ $(i=0, 1, 2, \cdots, n)$に等しくて、基本群$\pi_1(M)$がトリビアルなら、MはS^nにホメオモルフィックになる。

要するに、n次元多様体のホモロジー群と基本群を見さえすれば、n次元球面と「同じ（ホメオモルフィック）」かどうか判るか、というのだ。

ポアンカレ予想は3次元についての予想だった。それが、約100年経っても解けないのだから、高次元のポアンカレ予想は、解けっこないと思うかもしれない。しかし、世の中（と言うか数学の世界）は不思議なもので、高次元のポアンカレ予想は正しいことが判っている。3次元の方はまだ正しいのか間違っているのか判っていないのに。

3次元よりやさしい高次元

ポアンカレ予想に関しては、高次元は3次元よりやさしいという話だったが、高次元のポアンカレ予想は、まず、5以上のときについて正しいことが先に判った。高次元の中でも、5以上は4よりさらにやさしかったのだ。

高次元のポアンカレ予想を、nが5以上のときに正しいことを証明したのは、アメリカのスメールだ。論文は1961年に発表された。その後、この論文で使われたアイディアを発展させることで、5次元以上の多様体についての研究が著しく進展した。

しかし、その手法は4次元以下の多様体の研究には、まるで（と、言って良いと思う）役に立たず、その後も研究者はそれぞれ手探り状態で研究を進めていた。

しかし、5次元以上についてのポアンカレ予想が正しいことが判ってからおよそ20年近く経ったころ、突如、4次元のポアンカレ予想が正しいことが判った。1981年から1982年にかけてのことである。これまたアメリカの数学者、フリードマンが正しいことを証明した。

そして、3次元のポアンカレ予想は？

さて、4次元のポアンカレ予想が正しいことが判ってから、また20年近くが経った。ひょっとしたら、そろそろ、3次元の本来のポアンカレ予想は解決するかもしれない。

ところで、3次元のポアンカレ予想を解くために、どんな研究がされているのだろうか？

ポアンカレ予想は、基本群という多様体の中に「輪ゴム」がどんな様子で入っているかについての情報が「トリビアル」ということで同じなら、元の図形も「同じ＝ホメオモルフィック」か、という問いだった。そこで、このような、考えている図形の中にどんな図形が入っているかについての、(ホモロジー群ともまた異なる新しい）他の種類の情報が引き出せないか研究する、というのが一つである。そして、もし基本群が「トリビアル」だとしても、別の種類の情報が違う図形があるとすると、ポアンカレ予想は間違いだという事が判る。このようないろいろな種類の情報が考えられてきた。

さらに、もっと徹底して、3次元の多様体を全部調べ上げる、という事も行われている。つまり、3次元多様体のうちのどれとどれがホメオモルフィックで、どれとどれがホメオモルフィックでないか、という事をすべて調べ上げるのだ。そうしてしまえば、基本群が「トリビアル」な3次元多様体に対して、それと3次元球面がホメオモルフィックかそうでないかということは分類表を見れば判るから、ポアンカレ予想の成否も判る。ポアンカレ予想だけを考えるには、なんだかやり過ぎのような気がするかもしれないが、ここまでやらないと結局はポアンカレ予想は解決できないのかもしれない。つまり、ポアンカレ予想を解くことと、3次元多様体を分類することは、結局同じ問題なのかもしれないのだ。

さらに、ポアンカレ予想は3次元多様体の性質についての予想だが、他の次元の状況も研究しないと解決しない可能性もある。例えば、フリードマンは以下の2つの事柄が、両方とも正しい事はありえない事を示している。

A） 3次元ポアンカレ予想が正しい。

B）すべての4次元位相多様体は単体的複体に分割可能である（一般化された三角形分割の高次元版が成り立つということ）。

A)の3次元ポアンカレ予想が正しいとすると、B)の4次元位相多様体についての基本的な性質が成り立たないわけである。

いずれにせよ、ポアンカレ予想は、思いつくのは簡単かもしれないが、恐ろしく深い予想なのだ。

蛇足

ここまで、「地ドーナツ」と呼んできたが、数学なんだから「地トーラス」と呼ぶべきではないか、という人もいるだろう。しかし、それだと、皮だけになってしまうので、正しくは、「地ソリッド・トーラス」と呼ぶべきだが、そいつはどうも、というわけで、「地ドーナツ」と呼びました。

追記：20年周期説は本当だった

本書の原稿がほぼ完成した2002年頃から、ネット上で公表されたポアンカレ予想を解決したという論文が話題を集めるようになった。投稿者は、ペレルマン（G. Perelman）という名のロシア人だった。彼の論文には粗筋しか書かれていないことから、当初は真偽を疑う声も多く、また細部を埋めることでポアンカレ予想を解決した栄誉を狙う研究者も現れて、大騒動も持ち上がった。

結局、2006年にスペインのマドリッドで開かれた国際数学者会議で、フィールズ賞がペレルマンに与えられることとなり、正式にポアンカレ予想の解決が認められた。

しかし物語は終わらず、ペレルマンは受賞を辞退し行方をくらましてしまう。また、クレイ数学研究所から100万ドルの授与が2010年３月に発表されたが、しばらくして彼は受賞を拒否したとの報道がされた。

ホッジ予想

ホッジ予想とは、次のようなものである。

ホッジ予想

複素数体上の射影的非特異代数多様体について、勝手なホッジ類《るい》は、代数的サイクルの類《るい》の有理数係数の線形結合である。

「複素数体上の射影的非特異代数多様体」というのは、ある種類の図形のことだ。この予想は、その種類の図形をどれでも一つ持ってきたときに、その中に含まれる図形の性質（ホッジ類とか、代数的サイクルの類）についての予想なのだ。

多様体とは

まず、「多様体」から説明しよう。

世の中にはいろいろな図形がある。それを研究するにはどうするか。数学ではデカルトの原理に従う。曰く、「困難は分割せよ」。研究したい図形を、既によく知っている図形を使って表すことを考えるのだ。

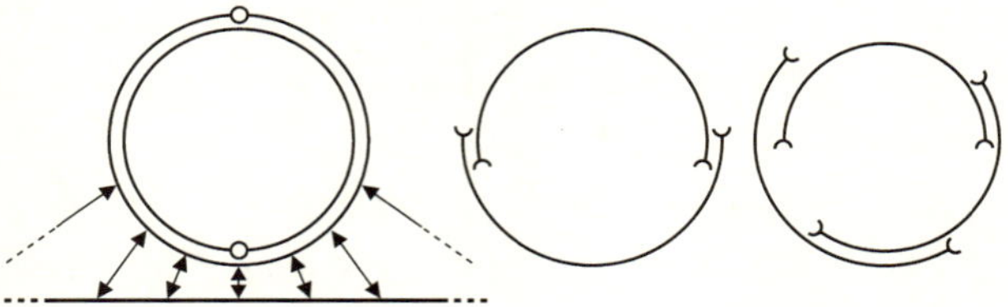

円を数直線２本で貼り合わす　２本の別の例　３本の例

図１　円を数直線の貼り合わせで表す

例えば、円を考えよう。これは、**図１**のように、（両側にどこまでも延びた）数直線２本を貼り合わせて表せる。数直線といっているのは、少し専門的には、実数の全体$\boldsymbol{R}$のことで、１次元ユークリッド空間$\boldsymbol{R}^1$のことだが、この数直線は、図形のうちでもっとも身近で判りやすくて、性質がよく研究されているものだ。同じ数直線２本を使った別の貼り合わせ方もできるし、３本使っても表せるが、ともかく、こうすれば円を、性質がとてもよく判っている数直線というものを使って表すことができる。後は、貼り合わせ方に注意しさえすれば、円の性質を研究することができる。

一般に、いくつかの「高次元の」数直線の貼り合わせで表すことのできる図形を、英語でmanifoldと言う。それを日本語に訳したのが「多様体」だ。「高次元の」数直線というのは、専門用語では n 次元ユークリッド空間 $\boldsymbol{R}^n$ のことだ。2次元ユークリッド空間 $\boldsymbol{R}^2$ とは（どこまでも広がった）平面のことで、3次元ユークリッド空間 $\boldsymbol{R}^3$ とは（どこまでも広がった）空間のことだ。4次元以上になると、ちょっと想像しづらい。

ここで、一つ注意が必要だ。多様体と言うときは、貼り合わせに使った複数のユークリッド空間の次元はすべて同じでなくてはいけない。この貼り合わせに使った共通の次元を、多様体の次元と言う。円は1次元の多様体というわけだ。

もう一つの多様体

困ったことに、日本語で多様体と言っている数学的な対象には、英語では variety と言っているものもある。「バラエティ」のほうが「多様体」という言葉にしっくりする。

では、variety とはなにか。

再び、円に戻ると、例えば x-y 平面の中で原点を中心とする半径1の円は、$x^2+y^2=1$ を満たす点 (x, y) の集合として表す事ができる。

n 次元ユークリッド空間をいくつか貼り合わせて表せる図形が manifold だったが、variety とはもう少し一般化して、「n 次元ユークリッド空間の中でいくつかの関係式を満たす点の集まりを、いくつか持ってきて貼り合わせて表せる図形」の事を言う。「それぞれの点の近くでは、n 次元ユークリッド空間の中で、連立方程式を満たす点の集まりとして表せる図形」と言っても同じ事だ。(variety では、貼り合わせに用いるユークリッド空間の次元 n は、点によって異なっ

ても良い)

ホッジ予想の問題文の中の多様体は、この variety だ。

多様体が2種類も出てくるので、この本では、特にはっきりさせたいときは manifold を「マ様体」、variety を「バ様体」と呼ぶことにする。普通の数学の本では「マ」も「バ」も「多」に退化しているので、人と話をするときは「多」に変換する必要がある。この本でも区別することがさほど重要でないときは、「多」を使っている。

バ様体の例として先ほど円をあげたが、円は1次元のマ様体でもあった。しかし、**図2**のように、マ様体にならないバ様体はたくさんある。

図2の曲線のように、多項式で表せるバ様体を「代数多様

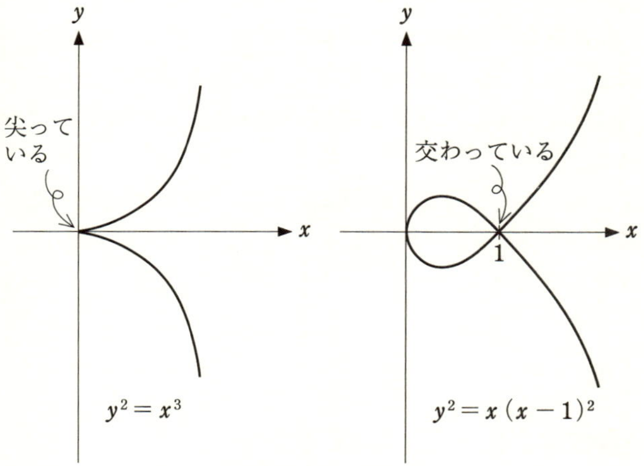

図2　バ様体だがマ様体でない

体」と言う。ホッジ予想の問題文の中に出てくるのは、本書流に言うと「代数バ様体」だ。

非特異な代数多様体とは

さて、図2を見れば判るように、バ様体も、尖ったり交わったりしている点以外のほとんどのところでは、マ様体である。尖ったり交わったりしている、様子の変わった点は、ほんの少ししかない。この様子の変わった点を「特異点」と言う。

バ様体から特異点を除いた図形はマ様体である。そのマ様体の次元を、特異点を除く前のもともとのバ様体の次元と言う。特異点のないバ様体を「非特異」と言うが、したがって、非特異なバ様体は、マ様体になる。逆に、マ様体は、関係式が一つもないバ様体になり、みんな非特異だ。

バ様体を考えることで、特異点がある図形も扱えるようになった。

これで、ホッジ予想の問題文の中の「非特異代数多様体」の部分が判った。「マ様体なんだが、それぞれの点の近くでは多項式を満たす点の集まりとして表せる図形」ということだ。

「複素数体上の」って、なんですか?

Q：問題文をよく見ると、「非特異代数多様体」の前に、「複素数体上の」って付いてますね、何ですか、これ？

A：今までの説明で、数直線とか「高次元」の数直線となっていたところを、「複素数」直線とか、「高次元」の「複素数」直線にすれば良いだけです。関係式も複素数で考えましょう。

Q：「複素数」直線って？

A：平面のことです。

Q：？？？

A：複素数1個は実数2個で表されるから、複素数は平面の点で表せるのです。複素数を表す平面をガウス平面とも呼びます。特別な名前が付いているのは「それぞれの点は実数2個の組というだけでなく、複素数1個を表してますよ」っていう意味。ガウスはここでは磁力の強さではなく、18〜19世紀に活躍した偉大な数学者の名字です。したがって、複素数で考えた n 次元空間は、実数で考えたら $2n$ 次元空間になる事に注意しましょう。

Q：うーん、なぜ、わざわざ頭が痛くなるような事をするのですか？

A：複素数でバ様体を考えると都合が良いからです。例えば、$x^2+y^2+2=0$ を満たす実数の組 (x, y) は存在しない（なぜだろう）。しかし、複素数の中でなら、例えば、i を虚数単位として、$x=i, y=i$ という組がある。

つまり、{(多項式)$=0$ を満たす点の集まり} という形で作られる図形を考えると、変数が実数の場合、多項式によってはそのような点がなくて、結局、図形が存在しない事があり得る。

これに対して、複素数の場合は「代数学の基本定理」によっていつも必ず何かの図形が作れる事になる。普通、「代数学の基本定理」は、一変数の代数方程式（つまり

(多項式)＝0 の形の方程式）には必ず解がある、という形で説明されるが、その事から変数がいくつだとしても、その方程式を必ず満たす複素数の組がある事が判る（再び、なぜだろう）。

変数が実数だとすると、その式から作られる図形があるのかないのかという事がまず問題になるが、複素数だとすれば、とりあえず図形があるとして話を始めれば良いので、手間が省けるのです。

Q：「複素数体上」の意味も、付いているご利益も判りましたが、よく見ると「射影的」ってのも付いていますが、何ですか？

A：それは後で説明する事にして、少し別のお話をしましょう。

コホモロジーとは

ここまで多様体の説明をした。「射影的」という修飾語を除くと、「複素数体上の射影的非特異代数多様体」とは何であるかが判ったはずだ。この「射影的」という言葉については後で解説することにして、次はこの多様体の「ホッジ類」や、「代数的サイクルの類」が何かを説明しよう。

この「ホッジ類」や、「代数的サイクルの類」は、多様体の中に入っている図形についての情報をもった数学的対象で、「コホモロジー群」の中に棲んでいる。

詳しくはもう少し後で説明するが、「コホモロジー群」は、マ様体やバ様体に限らず、位相空間（一般の図形）に対して考えることができる。例えば、**図 3** のような図形でも考える

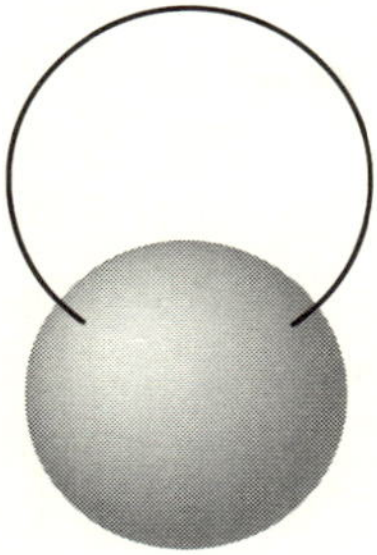

図3　マ様体ではない図形

ことができるし、絵では正確には描き表せないような図形についても考えることができる。図3の図形のそれぞれの部品はマ様体だが、全体はマ様体ではない。でも「コホモロジー群」は考えることができる。

「コホモロジー群」は、位相空間（一般の図形）Sに応じて決まる、複数個の「群」の組のことだ（「群」が何かについては、「バーチ、スウィンナートン=ダイアー予想」のところで少し説明している）。その一つ一つは$H^k(S)$のように、0以上の整数kを付けて表す。$H^k(S)$には、「Sの中に入っているk次元の図形に対して、数を対応させる関数」の情報（関数そのものではなくて、少し加工したものという意味）が入っている。実際の作り方は、後で説明するとおり、様々な方法がある。

マ様体のいろいろ

実は、マ様体にもいろいろな種類がある。

複素数体上の非特異代数バ様体は、マ様体でもあるのだが、そのときは「複素数体上」のマ様体とは言わずに、「複素多様体」（この本流には、「複素マ様体」）と言う。

図4に1次元複素マ様体Mの、ある点p_0の周りを示す。Mは複素数平面（「複素数」直線）の貼り合わせで表せるが、p_0は2枚の複素数平面SとTが貼り合わさっているところにあるとしよう。点p_0は、複素数平面Sの上では点$s(p_0)$に対応し、複素数平面Tの上では点$t(p_0)$に対応するとする。点p_0の周りの点pに対しても、同様にSとTの上に対応する点$s(p)$と$t(p)$がある。このとき、$s(p)$に$t(p)$を対応させることで、複素数平面Sから複素数平面Tへの関数fを作ることができる。

実は、複素多様体の場合、このfは勝手な関数ではだめ

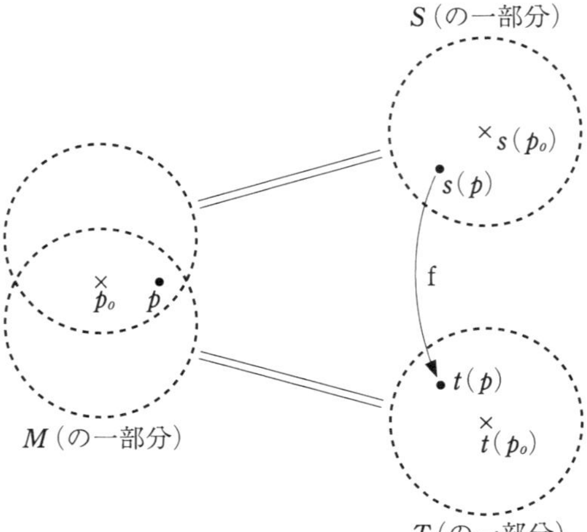

図4　貼り合わせの関数

で、正則関数（複素微分可能な関数）でなければならない。複素数平面が貼り合わさっていればなんでも良いかというとそうではなく、貼り合わさっているそれぞれの平面の点が複素数を表すということを、貼り合わすときに保証してやる必要があるのだ。

代数バ様体としての貼り合わせについてはこの本では詳しく説明できないが、その貼り合わせ方から、複素数体上の代数バ様体をマ様体と見ると自動的に複素多様体になっている。

ところで、複素数平面の点は、実数2個の組でもある。だから、複素多様体Mは、2次元ユークリッド空間 $\boldsymbol{R}^2$ を貼り合わせて作ったマ様体とも思える。すると、f は2つの実数に2つの実数を対応させるもの、つまり、2変数の実数の値をとる関数の2個の組（f_1, f_2）でもある。

複素数としての関数fが正則関数なら、f_1 も f_2 も実数の関数として微分可能な関数になる。したがって、Mは実数の世界で考えて「可微分多様体」になる。さらに、微分可能な関数は、連続な関数（グラフがつながっている関数）でもあるから、Mは「位相多様体」にもなる。

以上まとめると、「複素数体上の非特異代数多様体」は、「複素多様体」であり、実数の世界で考えると、さらに「可微分多様体」であって、さらに「位相多様体」でもある。

マ様体のコホモロジー

マ様体のいろいろな種類に応じて、コホモロジーのいろいろな作り方が考えられる。そして、いろいろなコホモロジーの間には、驚くべき関係がある。

①特異コホモロジー

位相マ様体Mにコホモロジーを作る方法として「特異コホモロジー」というものがある。これは、Mの中に、0, 1, 2, … の各次元の単体という基本的な図形がどのように入っているか、という情報をもとにして作る方法である。Mがn次元だとすると、「コホモロジー群」には、$H^0(M), H^1(M), H^2(M), \cdots, H^{n-1}(M), H^n(M)$ と（n+１）個の種類がある。$H^k(M)$ には、「Mの中に入っているk次元の「単体」と呼ばれる種類の図形に対して、数を対応させる関数」の情報(関数そのものではなくて、少し加工したものという意味)が入っている。(「単体」とは、例えば、線分や正三角形、正四面体などの、最も基本的と考えられる図形のことだ。また、$H^\bullet(M)$ は、正確には $H^\bullet(M, \boldsymbol{Z})$ と書く。$\boldsymbol{Z}$は整数の全体である。●には、0, 1, 2, …,（n－１）,n（＝M の次元）が入る)

②微分形式から作るコホモロジー

それから、可微分マ様体には、微分形式というものを利用して作るコホモロジー群もある。できたものを「ド・ラム・コホモロジー」と言う。これを $H^\bullet_{DR}(M)$ と書こう。(正確には $H^\bullet_{DR}(M, \boldsymbol{R})$ と書く。$\boldsymbol{R}$ は実数の全体である。●には、0, 1, 2, …,（n－１）, n（＝多様体の次元）が入る）ド・ラム（de Rham）というのはちょっと昔の数学者の名前である。

微分形式は、マ様体の各点での広がり具合を表している。例えば、１次の微分形式を、マ様体Mの中の１次元の図形、つまり曲線の上で積分すると、その曲線の長さになる。また、２次の微分形式を、Mの中の２次元の図形、つまり曲面の上で積分すると、その曲面の面積になる。n次元の微分マ様体には、0次, 1次, 2次, …, $(n-1)$ 次, n 次までの $(n+1)$ 種類の微分形式があり、$H^k_{DR}(M)$ には、k 次の微分形式の情報が入っている。

③二つのコホモロジーの関係

さて、この2種類のコホモロジーは、面白い（あるいは驚くべき）事に、（だいたい）同じものである。だいたいと言った意味を、複素マ様体Mを考えている今の場合に説明すると、複素数の世界で考えているため、実数の世界で位相マ様体あるいは可微分マ様体として作ったコホモロジー群を、複素数の世界に拡張すると同じになる、という意味である。拡張した事を、それぞれのコホモロジー群の後ろに「$\otimes \boldsymbol{C}$」という記号を付けて表す。つまり、（複素）n 次元の複素マ様体Mに対して、次が成り立つ。

$$H^k(M)\otimes \boldsymbol{C}=H^k_{DR}(M)\otimes \boldsymbol{C} \quad (k=0,1,2,\cdots,(2n-1),2n) \qquad (1)$$

等号は、次の事から判る。$H^k_{DR}(M)$ には、k 次の微分形式の情報が入っているが、その情報は次のようにして、$H^k(M)$ にも入っている。

M上の k 次の微分形式Dを一つ取ってくると、それを k 次元の図形 Y の上で積分すると数になる。つまり、Dに対して、k 次元の図形に対する次のような関数が作れる。

$$(k\text{次元の図形})\ Y \longrightarrow (D\text{の}\ Y\text{上での積分})$$

したがって、D の情報は、$H^k(M)$ にも入っている。

ただし、ここで、注意することが一つある。複素数は実数

2個で表される。だから、複素数の1次元は、実数で言うと2次元である。つまり、n次元の複素マ様体というのは、実数の世界で考える可微分マ様体や位相マ様体としては、$2n$次元だ。したがって、コホモロジー群はどれも、0次から$2n$次まで、$(2n+1)$個ある。

このように、異なる作り方で同じものができて、その同じものの中に、図形のいろいろな作り方に応じたいろいろなタイプの情報が詰まっている、ということから、コホモロジーは、数学で図形を研究するときにもっとも重宝される道具となっている。

複素コホモロジーのホッジ分解

複素マ様体Mのk次のド・ラム・コホモロジー群$H^k_{DR}(M)$を複素数に拡張して考えた、$H^k_{DR}(M)\otimes \boldsymbol{C}$の中には、$k$次の（複素）微分形式の情報が入っている。$k$次の（複素）微分形式$D$は、$M$に含まれる$k$次元の図形の上で積分すると、答えは複素数になる。

さて、$H^k_{DR}(M)\otimes \boldsymbol{C}$は次のように分解する。これを、ホッジ分解と言う。やっと、「ホッジ」という名前が登場した。

$$H^k_{DR}(M)\otimes \boldsymbol{C}$$
$$=H^{k,0}(M)\oplus H^{k-1,1}(M)\oplus\cdots\oplus H^{1,k-1}(M)\oplus H^{0,k}(M) \quad (2)$$

$H^{i,j}(M)$は、「ドルボー・コホモロジー群」と呼ばれるもで、複素マ様体に対して、複素マ様体としての構造を生かして(複素)微分形式から直接に作ったコホモロジー群だ。ドルボー（Dolbeault）というのも、ちょっと昔の数学者の名前である。

さつま揚げのような記号⊕は、「群の直和」を表しているが、それはともかく(2)式は次のことを表している。

$H^k_{DR} \otimes \boldsymbol{C}$ の勝手な元Dは、$D=D_0+D_1+\cdots+D_{k-1}+D_k$と書ける。ただし、$D_i$は$H^{k-i,i}(M)$の元で、各$D_i$は、$D$からただ一通りに決まる。つまり、$D$を$D_i$らで書き表す方法は、一通りしかない。

さて、(1)式と(2)式を合わせると、

$$H^k(M)\otimes \boldsymbol{C} = H^{k,0}(M)\oplus H^{k-1,1}(M)\oplus\cdots\oplus H^{1,k-1}(M)\oplus H^{0,k}(M) \quad (3)$$

が成り立つ。

射影多様体とは

(3)式の左辺のコホモロジーは、複素マ様体に限らず、位相マ様体なら作ることができる。しかし、右辺のような分解は、少なくともMが複素マ様体でないと考えられないが、だからと言ってどんな複素マ様体でも(3)式が成り立つかというとそうではない。しかし、複素数体上の「射影的」非特異代数多様体ならホッジ分解、すなわち(2)式が成り立つので、(3)式が成り立つ。

「射影的」代数バ様体というのは、射影空間という図形の中でいくつかの同次多項式（同次については説明しない）を満たす点の集まりを指す。このような点の集まりは代数バ様体になるのだ。この「射影的」代数バ様体を射影バ様体、普通は射影多様体と呼ぶ。

（代数バ様体は、（高次元）「複素数」直線（これを $\boldsymbol{C}^n$ と書く）の中で、いくつかの多項式を満たす点の集まりを貼り合わせて作るが、その作り方をまだ説明していなかった。もちろん、勝手に貼り合わすわけにはいかないが、貼り合わせ方の説明は、マ様体の作り方の説明に類似の内容であるにもかかわらず、ずっと多くのスペースを必要とするし、この本の解説ではその貼り合わせ方自体は使わないので、説明しない）

ともかく、「複素数体上の射影的非特異」代数バ様体は、「コンパクト」な「ケーラー」マ様体になって、なにかと都

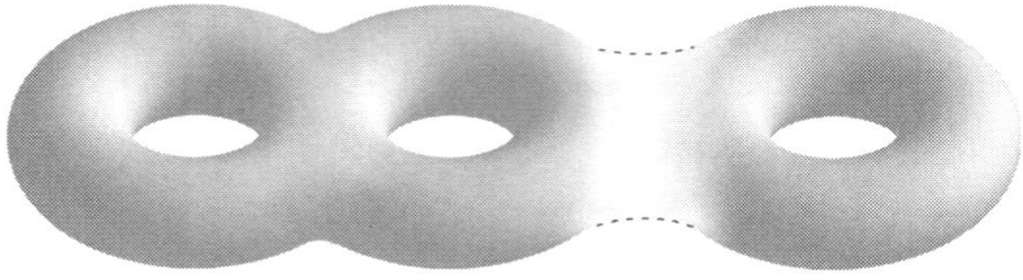

射影曲線

射影直線

図５　射影多様体のイメージ

合が良いのだ。(「コンパクト」や「ケーラー（もともと数学者の名字)」についてもここでは説明しない)

射影空間についての詳しい説明もしない。しかし、(複素) 1次元の射影多様体（「射影曲線」と呼ぶ）とは、**図 5**（上）のような何人か乗りの浮き輪（の表面）に他ならない。複素1次元は、実数で2次元だったから曲面であることを思い出そう。その中には、一個も穴が開いていない誰も乗れない浮き輪、すなわち（位相マ様体としては）球面がある。実は、これも、(複素数体上の）射影多様体の一種で、(複素）射影直線と言う。(複素） 1次元の射影空間とは、この射影直線に他ならない。

代数的サイクルの類

いよいよホッジ予想の核心に近づいてきた。まず、「代数的サイクルの類(類は、「たぐい」ではなく、「るい」と読む)」の説明をしよう。

$H^{\bullet}(M)$ には、M に含まれる図形の情報も入っている。k 次元の図形Aは、$(n-k)$ 次元の図形Xと、たいていの場合、いくつかの点で交わる（nは位相マ様体Mの（実数で考えた）次元)。その「いくつ」というのは数である。つまり、k次元の図形Aに対して、次のような関数を考えることができる。

$((n-k)$次元の図形$)\,X \longrightarrow (A$ とXの交点の数$)$

（厳密には、A との交わりがいくつかの点にならないXもあるし、交点の数も単純に数えてはだめで、「重複度」を勘案して数えなくてはならないが、そのあたりは関数そのものではなく、関数の「情報」を考える（つまり少し加工する）ことで上手く処理できる）

したがって、k 次元の図形Aに対して考えることのできるこのような関数の情報が、$H^{n-k}(M)$（正確には $H^{n-k}(M, \boldsymbol{Z})$）に入っている。ここで出てきた次元は、全部実数上で考えたものであることに気をつけよう。

さて、代数バ様体Mは、その中の各点の近くでは、いくつかの多項式を満たす点の集まりとして表せる。ここで、さらに多項式の関係式（複数でも良い）を追加すると、一般には考えているバ様体の一部の点だけがこの関係式を満たすことになる。後者の集合がMの全体で上手く貼り合わされていると、Mの中の一部の点の集合Aができる。このAのようにして表せるMの部分集合を、Mの代数部分バ様体と言う。「代数的サイクルの類」というのは、Aのようなある代数部分バ様体の情報を持った $H^{l}(M)$ の元のことである。ただし、実際の場合に l がいくつになるかが重要なので、改めて次に考えることにしよう。

レフシェッツの(1, 1)定理

複素数体上の代数バ様体Mの各点のまわりで、多項式を１個、余計に満たす点の集まりが上手くつながって代数部分バ様体Aになっているとしよう。Aの（複素）次元は、Mの中で複素数の関係式をさらに１個満たす点の集まりなので、Mの（複素）次元（nとしよう）から１次元下がる。複素数の関係式１個は、実数で考えると２個の関係式だから、A

の（実）次元は、Mの（実）次元の$2n$次元から2次元下がった（$2n-2$）次元になる。$(2n-(2n-2))=2$だから、Aに対応する「代数的サイクルの類」は、$H^2(M)$（正確には、$H^2(M,\boldsymbol{Z})$）に入っており、したがって$H^2(M)\otimes\boldsymbol{C}$に入っている。

ここで、(3)式から

$$H^2(M)\otimes\boldsymbol{C}=H^{2,0}(M)\oplus H^{1,1}(M)\oplus H^{0,2}(M) \qquad (4)$$

が成り立つ。このとき、左辺に入っているAに対応する「代数的サイクルの類」（これを$[A]$と書くことにしよう）は、右辺では$H^{1,1}(M)$に入っていることが判る。すなわち、(4)式は、$[A]=A_0+A_1+A_2$、ただし、A_iは$H^{2-i,i}(M)$の元、とただ一通りに書けるということを示しているが、実は、A_0とA_2は0になることが判るのだ。

逆に、$H^{1,1}(M)$の元Dが(4)式で左辺に移って$H^2(M)\otimes\boldsymbol{C}$の中の$H^2(M,\boldsymbol{Z})$に入っていたとすると、$D$は次のように書けることが知られている：

$$D=\alpha[A]+\beta[B]+\cdots+\gamma[C]$$

ここで、$[A],[B],\cdots,[C]$は「代数的サイクルの類」、$\alpha,\beta,\cdots,\gamma$は整数である。

これを、レフシェッツというアメリカの数学者が、1924年に証明したので、「レフシェッツの（1,1）（「わんわん」）定理」と言う。アカデミー賞受賞映画『ビューティフル・マインド』で、ナッシュが入学した大学院でお祝いを述べているメガネに髭の教授のモデルが、レフシェッツである。

この事実は、コホモロジー群を調べると比較的簡単に判るのだが、もともとのレフシェッツの証明は、（複素）射影バ様体の中の、代数的な（複素）曲線の様子を詳しく調べる、具体的な証明だ。

ホッジ類とホッジ予想

ホッジが(2)式の「ホッジ分解」を見つけたのは、レフシェッツの（1, 1）定理が証明された後のことである。そして、レフシェッツの（1, 1）定理の一般化として、「ホッジ予想」が生まれた。今までの話の中の1を、一般のkにしたのだ。

複素数体上の代数バ様体Mの各点のまわりで、多項式の関係式を今度はk個追加する。これが上手く貼り合わされて代数部分バ様体Nができたとすると、Mの実次元が$2n$だから、Nの実次元は（$2n-2k$）である。したがって、Nの情報である「代数的サイクルの類」（これを$[N]$と書くことにしよう）は、$(2n-(2n-2k))=2k$だから、$H^{2k}(M)$（正確には、$H^{2k}(M,\boldsymbol{Z})$）に入り、したがって$H^{2k}(M)\otimes\boldsymbol{C}$に入る。(3)式から、

$$H^{2k}(M)\otimes\boldsymbol{C}$$
$$=H^{2k,0}(M)\oplus H^{2k-1,1}(M)\oplus\cdots\oplus H^{1,2k-1}(M)\oplus H^{0,2k}(M) \qquad (5)$$

となるので、$[N]=N_0+N_1+\cdots+N_{2k-1}+N_{2k}$、ここで、$N_i$は$H^{2k-i,i}(M)$に入っている、とただ一通りに書けるが、実は、真ん中のN_k以外はみんな0になることが判る。ここまでは、$k=1$の場合と同様に成り立つ。

問題は、逆である。こっちは、正しいかどうか判らない。これが、ホッジ予想である。それを今から述べよう。

N_kは $H^{k,k}(M)$ に入っているが、(5)式で左辺に移ると、$H^{2k}(M) \otimes \boldsymbol{C}$ の中の $H^{2k}(M, \boldsymbol{Z})$ に入っていた。

そこで、$H^{k,k}(M)$ に入っていて、(5)式で左辺に移ると、$H^{2k}(M) \otimes \boldsymbol{C}$ の中の $H^{2k}(M, \boldsymbol{Z})$ に入っているものを、「ホッジ類」と言う。

いよいよ、問題文の中の「勝手なホッジ類《るい》は、代数的サイクルの類《るい》の有理数係数の線形結合である」を解説できる。それには、レフシェッツの（1,1）定理の後半の1を、一般のkにすれば良い。つぎのようになる。

> $H^{k,k}(M)$の元Dがホッジ類であるとする。つまり、(5)式で左辺に移って $H^{2k}(M) \otimes \boldsymbol{C}$ の中の $H^{2k}(M, \boldsymbol{Z})$ に入っていたとすると、Dは次のように書ける。
>
> $$D = \alpha[A] + \beta[B] + \cdots + \gamma[C]$$
>
> ここで、$[A], [B], \cdots, [C]$は「代数的サイクルの類」、$\alpha, \beta, \cdots, \gamma$ は有理数（分数）である。

上の四角の中身は正しいか？　というのがホッジ予想である。「代数的サイクルの類」に数をかけたり、それを足すことの意味を説明しないので、細かいことを言ってもあまり意味がないが、$\alpha, \beta, \cdots, \gamma$ は、レフシェッツの（1,1）定理では整数だったが、一般の場合はもっと広く有理数の中から探す、となっていることに注意する必要がある。四角の中の最後を、$\alpha, \beta, \cdots, \gamma$ をいつでも整数にとれるとすると、「うそ」つまり反例がある。

$[A], [B], \cdots, [C]$が「代数的サイクルの類」であるということは、$[A], [B], \cdots, [C]$は、それぞれ M の各点のまわりで多項式の関係式を k 個追加してできる代数部分バ様体 A, $B, \cdots, C$ の情報を持ったコホモロジー群の元だ、ということである。(注：普通は、「ホッジ類」を左辺で $H^{2k}(M, \boldsymbol{Q})$（$\boldsymbol{Q}$ は有理数の全体）に入るものとするが、四角の中の主張に関しては同じことである)

なぜ正しいかどうか判らないのか

ホッジがホッジ予想を述べたのは、1950年の国際数学者会議でのことだった。レフシェッツの（1, 1）定理があるので、予想は $k>1$ のときに正しいか、というのが真の問題である（$k=0$, n はあたりまえ過ぎるのだ)。

$H^{2k}(M, \boldsymbol{Z})$ 自体は、「複素数体上の射影的非特異代数多様体」M の位相マ様体としての性質を使って考えることができる。だから、$H^{k,k}(M)$ の元 D が $H^{2k}(M, \boldsymbol{Z})$ に入っているというだけでは、それがおよそ多項式を使っては表せないような図形の情報である可能性も大いにある。しかし、M が「複素数体上の射影的非特異代数多様体」として表せる場合には、Dは多項式で表せる図形の情報で表せるだろう、というのがホッジ予想である。

しかし、実はどんな図形が多項式で表せるか、というのはよく判らない問題である。これに対して $H^{k,k}(M)$ 自体は微分形式の情報を使って作られており、数学的な正体は割合はっきりしている。ホッジ予想は、このようにわけの判らない代数的サイクルの類の全体が、それよりよく判るホッジ類になるということを言っているととらえるべきなのかもしれない。

ホッジ分解のその後

「ホッジ分解」の方は、今では「ホッジ構造」に進化して、いろいろなタイプのコホモロジー群に出現している。これに合わせて、「ホッジ予想」の方も、「一般ホッジ予想」というものに進化している。

もともとの「ホッジ予想」に戻って、現時点で、判っていることを最後に少し説明しよう。

まず、考えている全体の図形の（複素数での）次元が n のとき、$k=p$ のときに予想が正しいとすると、$k=(n-p)$ のときにも正しい。レフシェッツの（1,1）定理から $k=1$ のときは正しいから、$k=(n-1)$ のときも正しいことが判る。だから、全体の図形が 3 次元なら、k が 1，2 のときに正しいから予想は正しいことが判る。

それから、旗多様体という種類の図形では、その中にどんな図形があるかは具体的に判るので、ホッジ予想はすべての k について成り立つことが判っている。また、「射影直線」がいっぱい入っている図形についても、成り立つための条件がいろいろ判っている。

しかし、このような図形は、射影多様体の中の、ほんの一握りに過ぎない。ホッジの予想は、すべての射影多様体に対して成り立つと言っている。この差は大きい。

ホッジ予想はなぜ大事か

ところで、ここまでで説明することはできなかったが、M が代数バ様体であるということ、つまり、各点の近くではいくつかの多項式を満たす点の集まりである、ということを生かしたコホモロジーの作り方も（いろいろ）ある。そして、できた結果は、驚いた（あるいは面白い）事に、どう作っても今までに出てきたコホモロジーと（だいたい）同じものになり、さらに、ホッジ予想に対応する性質も（そして予想も）考えることができる。

そこで、これは（複素数体上の射影的非特異代数多様体）Mに対して何かコホモロジーの親玉みたいなものがあって、いろいろなコホモロジーはその親玉が生み出しているに違いないと、グロタンディークという数学者が言い出した。そして、その親玉を「モチーフ」と呼んだ。いわば、モチーフは究極のコホモロジーなのだ。

グロタンディークはモチーフを実際に作ることはできず、今も多くの人がモチーフについて研究をしている。実はその過程で（もともとの）ホッジ予想の重要性が浮かび上がってきたのだ。すなわち、ホッジ予想が成り立つと、モチーフの正体が判るらしいのだ。

ホッジ予想が判れば、多様体の研究にとても役立つコホモロジーの、究極の一品を手にできるのだ。そのご利益は計り知れないだろう。そんなわけで、ホッジ予想がミレニアム賞問題に選ばれたのに違いない。

ヤン-ミルズ(理論)の存在と質量ギャップ

この問題も、次の章のナヴィエ-ストークス方程式の問題と同じように、自然現象を記述する数学的なシステムを、どこまで厳密に扱えるか、という問題である。

ウィッテンは、この問題を次のように書いている。

ヤン-ミルズ(理論)の存在と質量ギャップ

勝手なコンパクトで単純なゲージ群 G に対して、$\boldsymbol{R}^{4*}$ での量子ヤン-ミルズ理論が存在し、質量ギャップが存在する事を示せるか?

(* $\boldsymbol{R}^4$ というのは、実数4個を組にした (x, y, z, t) の全体の事、x, y, z が空間の中での位置を表し、t が時間を表すと考えてください)

ウィッテンは普通に考えると物理学者だと私は思うが、1990年に京都で開かれた国際数学者会議でフィールズ賞を受賞している。彼の研究は物理学の最前線であると同時に、数学の最前線でもある。

ミレニアム賞問題で問われていること

御覧のとおり、この問題では、まず「量子ヤン-ミルズ理論」が存在するか、という事が問われている。これは「数学的にきちんと」存在するか、という意味だ。その次の「質量ギャップが存在することを示せるか」というくだりは、その量子ヤン-ミルズ理論が「ちゃんと物理的に意味のあるもの」になっているか、という意味だ。

ヤンとミルズは、現在「ヤン-ミルズ場」と呼ばれる種類の「場」の物理を1954年に発表した2人の物理学者の名前だ。

ところで、問題文には、「コンパクトで単純なゲージ群」とか、「$\boldsymbol{R}^4$」という言葉が出てくる。これから説明するように、量子ヤン-ミルズ理論は、いろいろな状況で考えることができる。この2つの言葉は、ミレニアム賞問題はもっとも基本的な状況で考えるということを意味している。例えば、$\boldsymbol{R}^4$ で上の問題が解ければ、一般の4次元の「曲がった」空間でも同じことが示せると考えられている。

量子ヤン-ミルズ理論とは

「量子ヤン-ミルズ理論」というのは、「ヤン-ミルズ理論」に「量子」が付いたものだ。「ヤン-ミルズ理論」というのは、「ヤン-ミルズ場」という、「重力場」や「電磁場」などと同じ、物理で重要な概念の「場」の一種についての理論という意味で、「量子」が付いているのは、量子論で考えるということだ。

「ヤン-ミルズ理論」は、「量子」の付いていないときは数学的にきちんとした理論になるのだが、「量子」が付いた途端に、数学的にきちんと考えることは難しくなるところに、ミレニアム賞問題となった理由がある。

ヤン-ミルズ場とは

「場」は英語では field と言うが、野球場とかサッカー場も field と呼ばれる。物理の「場」もサッカー場や野球場と同じようなものだ。「重力子」というボールを使ってゲームをするフィールド＝場は、「重力場」と呼ばれ、「電磁場」でするゲームに使うボールは「光子」という名前が付いている。

ところで、この世の物質は、クォークとレプトンという種類の「素粒子」からできている。レプトンの代表は電子で、今のところ更に何かからできているとは、思われていない（でも、「ひも」とか「ブレーン」ではあるらしい）。

一方、陽子や中性子はクォークが3個集まってできている。しかし、なぜかこのクォーク3個は決してバラバラにならない。クォーク達は「グルーオン」と呼ばれるボールを使ってゲームをする。この field は「強い力の場」と呼ばれ、ゲームのルール＝「法則」は「量子色力学」、英語の略称で QCD と呼ばれる。

この「強い力の場」は、「ヤン-ミルズ場」の一例で、したがって、QCD は「量子ヤン-ミルズ理論」の一例だ。

ヤンとミルズが研究していた場は、現在 QCD に出てくる強い力の場ではない。しかし、QCD の舞台である強い力の場は、彼らが研究していた場と共通の性質を持つ兄弟のようなものだ。

現在、そのメンバーは「ヤン-ミルズ場」と呼ばれている。

ヤン-ミルズ場はゲージ場である

「ヤン-ミルズ場」は、いろいろな場の兄弟だったが、家族の名前は「ゲージ場」と言う（**図1**）。

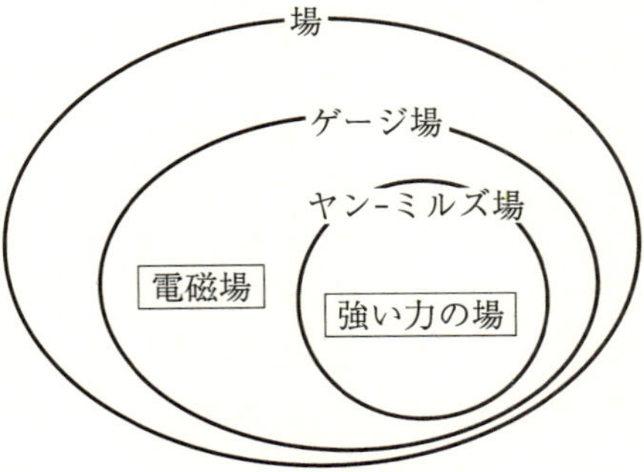

図1　いろいろな場

電磁場は「ゲージ場」だが「ヤン-ミルズ場」ではない。電磁場は、強い力の場の家族ではあるが、兄弟ではない。どうしてそうなのかは後で説明するが、量子力学で考えると「ヤン-ミルズ場」の兄弟は電磁場に比べてとても扱いにくい。性質を調べようとしても、数学的に「きっちり」と計算することができない。「(考えられる限りがんばって) 細かいことは端折《はしよ》って」計算するなら、なんとなく答えは出るのだが、そんな結果を使って性質が判ったと言っても釈然としない。このような状況を何とか打開しなさい、というのがこのミレニアム賞問題だ。

ゲージ場はファイバーバンドルの接続である

最近は、超弦理論とかM理論とか、われわれの住んでいる世界の次元がぐっと上がってきて、10次元とか11次元での研究が注目されている。しかし、ここまでに出てきた場は、空間３次元と時間１次元の４次元空間（「時空」と言う）の各点にいくつかの数の組を対応させるものだ。例えば、４次元時空の上の関数やベクトルや、一般にテンソルと呼ばれるものがそうだが、その他にもいろいろある。

例えば、電磁場というのは、電場と磁場をあわせて考えたものだが、各点に電場ベクトルと磁場ベクトルという２組の各３個の実数が対応していると見ると、電場と磁場はバラバラの２つの場と考えていることになる。しかし、電場も磁場も「電磁ポテンシャル」という時空の各点で定義された４つの実数の組から、「外微分」（各変数で偏微分した結果を組み合わせて関数を作る操作）という共通の手続きで一斉に作ることができるので、電場と磁場は電磁場という一つの場と考えるのが自然だ。もっとも電場と磁場の間には電磁誘導などの密接な関係があるから、まとめて考えるのは納得できる。

さて、この「電磁ポテンシャル」という４つの実数の組は、数学的には、「ファイバーバンドルの接続」という量になっている。実は、物理で「ゲージ場」と呼んでいるものは、数学的には「ファイバーバンドルの接続」なのだ。

「ファイバー」というのは「繊維」のことで、「バンドル」というのは「束」のことだ。時空の各点に同じファイバーがびっしり生えているイメージだ。どんなファイバーかは、考えている場による。

例えば、電磁場をゲージ場と捕える立場では、ファイバー

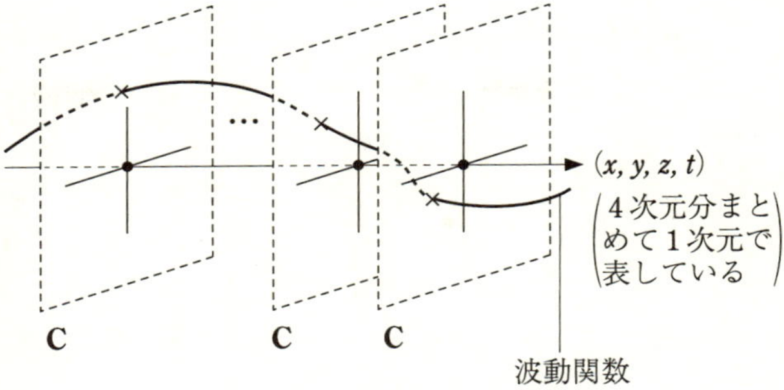

図2　電磁場は複素平面をファイバーとするファイバーバンドルである

は複素数平面 *C* だ（**図2**）。これは、電磁場の中の粒子の波動関数（量子力学のシュレディンガー方程式の解のこと）を、時空の各点に複素数1個（あるいは実数2個）を対応させる場とみなしたものだ。

接続とは

ファイバーバンドルの「接続」とは、この場合、粒子の波動関数を時空の座標で微分する方法を表している。この波動関数は、時空の各点毎に、その点に生えている複素平面内の1点を対応させる場だ。

波動関数を、時空の座標で微分するというのは、波動関数の変化を見るわけだが、そのためには、実は、時空の各点に生えているそれぞれの複素数平面の座標（例えば実軸）が、時空の点によってどのように変化するかを知らなければいけない。波動関数の値の基準自体が時空に沿って変化していたら、それを考慮しないと、時空に沿った波動関数の値の、正しい変化を知ることはできないからだ。

通常、時空の上の（複素数値）関数を、例えばxで偏微分するときには誰も困らない。これは、ある点に生えている複素数平面上の点、例えばi（虚数単位）は、時空に沿って変化しないで、どこの点に生えている複素数平面上でも同じiに対応するという状況を考えているからだ。

しかし、一般のファイバーバンドルではそうとは限らない。ある点に生えている複素数平面上のiは、時空に沿って少しずつiを離れて変化していっても良い。その変化を表す量が「接続」だ。「接続」は、時空に沿ってファイバー同士を「接続」している量なのだ。（**図3**）

4次元時空では独立した4つの方向（x方向、y方向、z方向、t方向）がある。「接続」は、それぞれの方向への変化を表す4つの量の組で、これが電磁ポテンシャルの4つの実数に対応している。（なお、もう少し詳しくは、ゲージ場の生まれるところを章末の参考に示したので、そちらも参照していただきたい）

「ヤン-ミルズ場」も「ゲージ場」の一種だから、数学的には「ファイバーバンドルの接続」である。

実際、「ヤン-ミルズ場」の一種の強い力の場では、上の電磁ポテンシャルにあたるものは、時空の各点ごとに決まる、8組の4つの数の組である。つまり、QCDでの基本的な量は、時空の各点ごとに決まる4×8で32個の数字なのだ。でも、

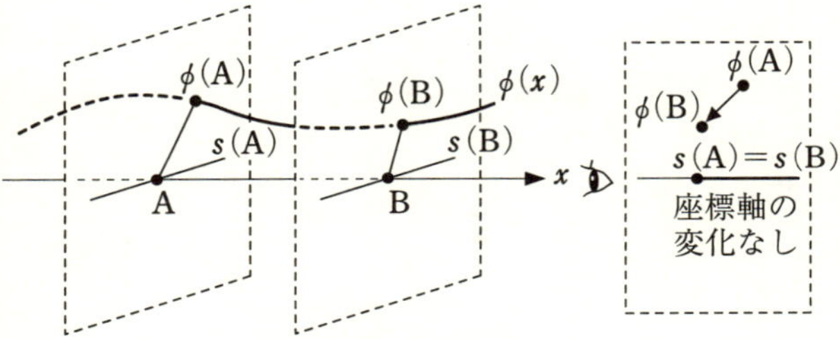

普通の関数の微分

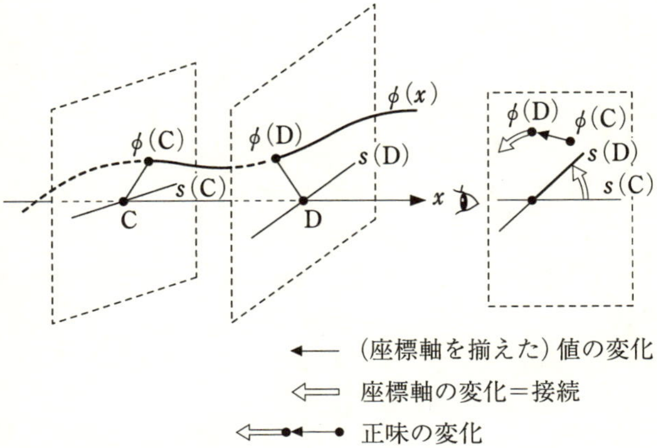

ファイバーバンドルでの微分

図３　「接続」はファイバー同士の関係を表す量である

「接続」という量としては1個である。

しかし、電磁場はヤン-ミルズ場とは言わない。どちらもゲージ場ではあるが、その性質が違う。ゲージ場の性質は、そのゲージ場ごとに決まる「ゲージ群」に支配されるのだが、電磁場のゲージ群とヤン-ミルズ場のゲージ群とは性質が異なる。

「ゲージ群」という言葉は、ミレニアム賞問題の問題文に現れる。これを次に説明しよう。

ゲージ変換とゲージ群

「時空を4次元の空間として表すとき、特別な点（＋時間）はないから、どの点（＋時間）を中心として表しても物理法則は変わらないものでなくてはならない」というのが、アインシュタインの相対性原理である。また特別な方向もなく、ある点（＋時間）の周りで「回転」しても不変でなくてはならない。ただし、時間の方向も「回転」には含む。

このような、物理法則を不変にする時空の座標の変換の集まりは、「群」と呼ばれる数学的な構造を持つ。例えば、特殊相対性理論だとローレンツ群とかポアンカレ群と呼ばれる群がそれである。（「群」については、「バーチ、スウィンナートン＝ダイアー予想」のところで説明している）

ファイバーバンドルでは、ファイバーが生えている時空の座標の変換の他に、ファイバーの座標の変換もある。このファイバーの座標の変換を「ゲージ変換」と呼ぶ。「ゲージ変換」の集まりも「群」になり、これを「ゲージ場」の「ゲージ群」と呼ぶ（**図4**）。

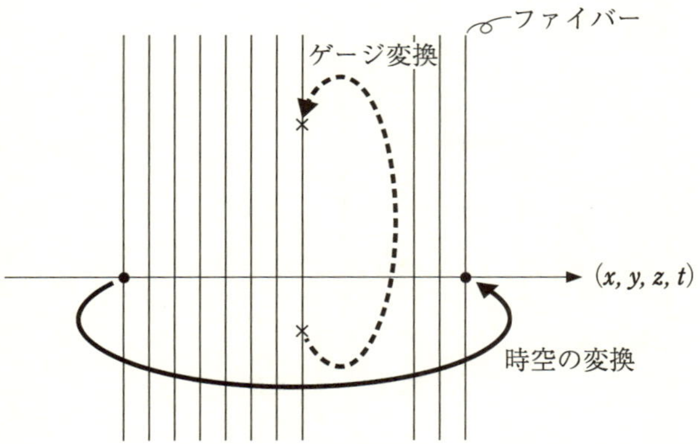

（注）それぞれ、代表する１点だけ示す

図４　時空の変換とゲージ変換

ゲージ変換とゲージ場

電磁場をゲージ場として捕える場合、ファイバーは複素数平面である。この場合、複素数平面の原点を中心とする回転で物理法則が不変になるはずである。このような変換を考える理由は、量子力学で波動関数 $\phi(x, y, z, t)$ の絶対値の2乗 $|\phi(x, y, z, t)|^2$ は、点 (x, y, z, t) での粒子の存在確率と解釈するからである。各点での存在確率が保たれる以上、物理的にはなにも変わらない。

ファイバーである複素数平面の実軸をどっちの方向にするかは、時空の各点で自由に選んで良いはずである。もちろん、近い点では近いようにする。逆に言うと、電磁場の物理

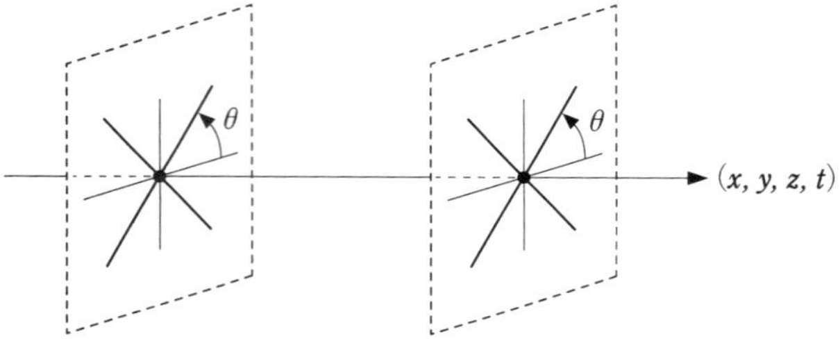

大域的ゲージ変換
‖
θはどこでも同じ

θ(A)≠θ(B)

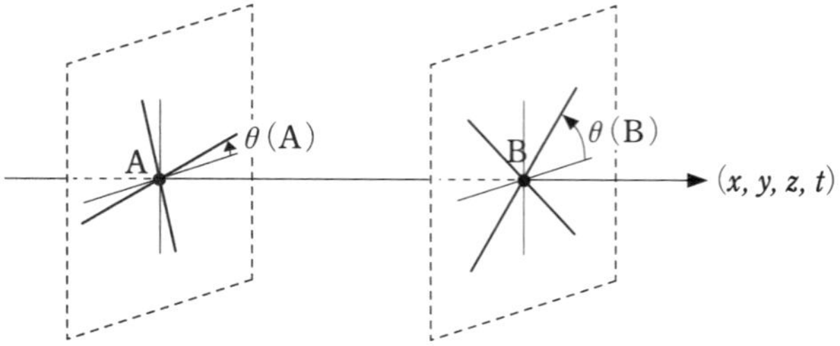

局所的ゲージ変換
‖
θは場所によって異なってよい

図５　局所的ゲージ変換と大域的ゲージ変換

法則は、時空の各点に生えている複素数平面の向きを、（近い点では近いように）各点で勝手に回したとき、不変である必要がある。

このような変換は、「局所的ゲージ変換」と呼ばれる。物理法則は、この「局所的ゲージ変換」でも変わらないものであるべきだ。この要請を「ゲージ原理」と言う。ちなみに時空の全体で一斉に同じ角度だけ回す変換の方は「大域的ゲージ変換」と呼ばれる（**図5**）。

物理法則には、波動関数 $\phi(x, y, z, t)$ の微分が出てくるが、波動関数 $\phi(x, y, z, t)$ に「局所的ゲージ変換」を施してから微分すると、結果として得られる物理法則は変化してしまう。そこで、その変化を打ち消す量を物理法則に導入することができれば、「局所的ゲージ変換」を施しても不変にできる。数学的にはまさに「ファイバーバンドルの接続」という量がそのような量であり、物理ではその量を「ゲージ場」と呼ぶ。もう少し詳しくは、ゲージ場の生まれるところを章末の参考に示したので、参照していただきたい。

「ヤン-ミルズ場」と電磁場はゲージ群が違う

電磁場をゲージ場として捕える場合は、ファイバーは複素数平面で、「ゲージ変換」は複素数平面の原点を中心とする回転だ。この「ゲージ変換」の集まりは、「1次ユニタリ群 $U(1)$」と呼ばれる群になる。この群は、絶対値が1の複素数（回転の角度に対応する）が、かけ算を演算として作る群である。電磁場のゲージ群は $U(1)$ だ。

「ヤン-ミルズ場」の代表例の強い力の場の場合、「ゲージ群」は「3次特殊ユニタリ群 $SU(3)$」と呼ばれるものになる。強い力の場では波動関数3つの組を考えるので、3次になる。（強い力の場の物理である）QCDでは、粒子は「赤」、「緑」、「青」の3種類の色を持つと考えるからだ。この色はほんのたとえであり、その波長の光を実際に反射するわけではない。同種の属性の3つの組ならなんでも良いのだ。波動関数が3つの成分を持つので、3つを1組にして1個の粒子を表す。

この3つの「色」の波動関数の組には、複素数の3行3列の行列をかけることができる。この行列のかけ算は、この3「色」を勝手に混ぜる操作だ。この3色を混ぜる行列のかけ算をゲージ変換として、電磁場の真似をすると、強い力の場が生れる。この3色を混ぜるゲージ変換全体がなす群が、$SU(3)$だ。

電磁力と弱い力（放射性物質の崩壊を引き起こす力）を統一的に説明する物理体系である電弱統一理論も、電磁力と弱い力を両方含む場が「ヤン-ミルズ場」として構成できるから、「量子ヤン-ミルズ理論」の例である。ただし、この場合の「ゲージ群」は「（ミレニアム賞の問題文に出てくる意味での）単純」ではない。電磁場のゲージ群と、弱い力の場のゲージ群を組み合わせたものになっている。

電弱統一理論のゲージ群に、さらに強い力の場のゲージ群を組み合わせた群を作り、この群をゲージ場とするヤン-ミルズ場の物理が、電磁力と弱い力、強い力の3つの力を統一的に説明する物理体系である大統一理論である。

これに重力を加えて統一的に説明する理論は、まだ完成していない。

「ヤン-ミルズ場」の特徴

$U(1)$ と $SU(3)$ には大きな違いがある。

$U(1)$ の方は、絶対値が1の複素数をかける操作だから、2つの変換を行う順番を入れ替えても、結果は同じだ。

これに対して $SU(3)$ の方は、2つの変換を行う順番が違うと、結果が違う。

例えば、$AB-BA$ という形の項を計算するとしよう。A と B が U(1) に入っていると、$AB-BA=0$ である。計算の順序を変えても結果は同じだからだ。しかし、A と B が $SU(3)$ に入っていると（一般には）$AB \neq BA$ だから、$AB-BA$ は0ではなく、消えない。

このように、ある物理的な量を計算しようとするとき、ゲージ群が非可換だと、ゲージ場が可換な場合より計算する項の数が多くなる。実際には、ゲージ群が可換なときだけ、計算する項の数が減って楽になるのである。群の中でも、可換な群は特別で、非可換な場合が普通である。

「ゲージ群」が $SU(3)$ のように2個の変換を行う順番が違うと、一般には答えが違うという性質を持つとき、対応する物理理論を「非アーベル的ゲージ理論」あるいは「非可換ゲージ理論」と言う。ヤンとミルズがこの種のゲージ場を電磁場のような「可換ゲージ場」の拡張として初めて研究したので、「ヤン-ミルズ理論」とも言う。

ゲージ場としては、ヤン-ミルズ場が普通で、電磁場のような「可換ゲージ場」は特別である。たいていの場合は、電磁場の場合より込み入ってくる。

いよいよ「量子」を付けてみよう

強い力の場の物理理論であるQCDは素粒子についての理論だから、量子論で考えないといけない。ヤン-ミルズ場の理論（物理法則）を量子論で考えると、ゲージ群が非可換だから困ったことになる。

ニュートン力学とかマクスウェルの電磁気学、相対性理論は、量子力学的な効果が問題にならない空間と時間のスケールでの物理理論で、「古典論」と呼ばれる。古典論では、ある物理量について、それがどんな値になるかを求めるのが目的だ。

しかし、量子論では、位置や運動量などのいろいろな物理量は確率的にしか求まらない。だから、ある物理量が、ある値になる確率の分布を求めることが目的となる。つまり量子論での物理法則は、古典論での物理法則とは本質的に異なるものにならざるを得ない。

しかし、例えば距離のスケールが大きくなれば、量子力学は古典論になるはずである。そういう意味で、古典論での物理法則と、量子論での物理法則には関係がある。

実際、古典論の物理法則から、量子論の物理法則を求める一連の手続きが考え出され、それにより、ミクロな現象をうまく説明できることが判っている。「量子化」と呼ばれる手続きがそれである。

「場」に「量子」を付けると（数学的には）難しくなる

しかし、量子力学の物理法則と古典論の物理法則とは、本質的に異なるはずである。実際、「量子化」は単純な対応関係ではない。この対応は、異なる数学的な枠組みの対応なのである。

「場」を量子化してできる物理理論を「場の量子論」と言う。英語を直訳すると「量子場の理論」になるが、日本語では「場の量子論」と言う。これに対して、電磁場などを量子力学的に考えないのが「場の古典論」である。

「量子化」にはいくつかの方法があるが、共通しているのは数学的には無限次元の対象が登場することである。「場」は、時空の各点に数が対応しているものだった。「正準量子化」という手続きは「数」になっているところを「無限次元の行列」にするから、「場」を量子化したものは時空の各点に「無限次元の行列」を対応させるものになる。「行列」は場や粒子の状態に作用するものだ。だから、「場」を量子化した結果は、数学的には「無限次元の値をとる超関数」として考えなくてはいけない。しかし、「超関数」は、普通はかけ算もできない。

そこで、実際の計算をしようとすると、ファインマンの研究した「経路積分」を使う量子化がすこぶる便利である。しかし、「経路積分」は、数学的にはまだまだきちんとしたものにはなっていない。この量子化では運動の「遷移確率」というものを求めるために、無限個の変数について積分することになる。もっとも、意味を考えれば、無限個の変数について積分することになるというだけで、数学的にはそれはそれで（有限次元の対象を用いた）別の道具立てを用意して、それで考えている「経路積分」を解釈できれば良い。しかし、それが現時点では満足のいくものからはまだ程遠い。

このように、現時点で、「場の量子論」の数学的な道具は、まだまだきちんとした道具なのかどうか判らない、という段階にある。

それでも物理学者は計算する

このように、少なくとも現時点の数学としては、まともな道具ではないにしても、物理学者はこれを使って、実際の現象を説明できる結果を得ている。これは、真に驚くべきことであると同時に、物理学者の洞察力には敬服せざるを得ない。

その計算の技術に「摂動法」というものがある。これは、少しずつ計算の結果を改良していく方法なのだが、電磁場の量子力学（これを電磁量子力学、QED と言う）では、（「くりこみ」とかの妙技も使うのだが）一応納得のいく結果が得られる。しかし、QCD（量子色力学）などの「量子ヤン-ミルズ理論」では、ゲージ群が非可換なことから、少しずつ改良していくつもりが、計算結果はどんどんあらぬ方向にいってしまう。計算すべき項が多すぎるのだ。

それでも、物理学者は偉いもので、大事そうなあたりに狙いをつけ、どうにかこうにか工夫して、やっとこさできるあたりを計算して、実際に観測されることとの関係を調べている。

その一つに、QCD の漸近的自由性という性質がある。重力や電磁力は近い距離では力が大きく、距離が離れると小さくなる。ところが、クォークの間に働く「カラー力」は逆で、近い距離ではほとんど力が働かず、距離が離れると力がとても大きくなる。これが「漸近的自由性」という性質である。

これはQCDの数値計算でも観察されている。

「漸近的自由性」は、クォークの閉じ込めという現象を説明する性質だと考えられている。例えば、陽子にはクォークが3個詰まっているらしいのに、どうやってもこれまでのところクォークが1個だけで見つかることは、なかった。これを「クォークの閉じ込め」と言う。「クォークが発見された！」というのは大ニュースだが、すべて状況証拠なのだ。

「質量ギャップの存在」を示すことの意味

また、QCDでは、グルーオンと呼ばれる、カラー力を媒介する粒子（電磁場の場合なら光子）がゼロでない質量を持つことは間違いないと考えられているが、これはQCDから理論的にはまだ導き出されていない。これを示せ、というのがミレニアム賞の問題文に出てくる「質量ギャップの存在」という事柄である。

この「質量ギャップの存在」を示すことと、クォークの閉じ込めが起きることは、物理的には同等だそうで、これらの問題はQCDにとっては根本問題である。

数学としての攻略の歴史

こうしてみると、ミレニアム賞問題は「物理的に意味のある」「数学的にきちんとした」場の量子論を作るという問題だととらえることができる。

この「物理的に意味のある」と「数学的にきちんとした」という2つの部分に応じて、これまでの研究のアプローチに名前が付いている。

①考えている物理体系にふさわしい性質（以下、「公理」と呼ぶ）を満たす数学的な道具が作れることは仮定して、その道具を用いてどんな事が言えるかを、数学的に厳密に示す。これを「公理論的アプローチ」と言う。
② ①で仮定したような数学的な道具が、数学的に厳密に作れる事を示す。これを「構成的場の量子論」と言う。

この40年、「場の量子論」を数学的に厳密に研究し、質量ギャップの存在やクォークの閉じ込めに代表される、場の量子論的ないろいろな性質を、数学的に厳密に示す努力が続けられてきた。そこでは、この問題を上のように分けて考えてきた。

このアプローチに従うと、ミレニアム賞問題の前半はこの②にあたり、後半は①に当たる。物理的な議論の基礎も、超弦理論からM理論と、どんどん変わっていく可能性もあるから、数学としては、質量ギャップの存在を数学的に厳密に示すにはどんな事項を「公理」としておけば良いかという事と、その「公理」を数学的に厳密に構成できるかという問題に分けて考えることは今後も得策に思える。

それぞれのアプローチで、これまでにどんなことが研究されてきたかを簡単に説明しよう。

①の「公理論的アプローチ」は、（相対論的）場の量子論が当然持っているべきと考えられる性質を数学で言う「公理」のようにして議論を進めるためにこの名前が付いた。そのような公理系の主なものとしては、1960年前後に考え出さ

れたワイトマンの公理系がある。

ミレニアム賞問題として、数学的に構成されるべき量子化された「ヤン-ミルズ場」も、当然このワイトマンの公理系を満たすべきものと考えられている。

さて、このワイトマンの公理系を用いて、実際に、物理学者が説明したい事柄を、数学的に自由に導き出すことがどこまで実現しているかというと、実はそんなにまだ進展していない。それでも大きな成果として、例えば「CPT定理」といわれる重要な事実を厳密に示すことができる。

しかし、これまでの研究の成果としては、それ以上に、この研究を通じて、「場の量子論」と「統計力学」の間に対応関係があることが判ったことが大きな収穫である。したがって、基本的な手法として、「場の量子論」での結果を示すのに、対応する「統計力学」の研究手法を使うことができる。いろいろな場面で、そうすることで、研究しやすくなった事が多いようだ。

この「場の量子論」から「統計力学」に移ることを、「ユークリッド化」と言う。この対応では、「場の量子論」での「時間」変数を「虚時間」（ホーキングの一般向けの本で有名になった）にする。専門用語の説明はしないが、「ユークリッド化」での対応を**表**にまとめておく。

②の「構成的場の量子論」の方は「公理論的アプローチ」が一段落した1970年代に本格的に始まった。この方法で、何らかの単純すぎてつまらないというわけでない「場」が作れているのは、これまでのところ、2次元時空（時間が1次元と空間が1次元）と3次元時空（時間が1次元と空間が2次元）のときである。4次元時空についてはまだ作られていな

い。4次元のときは2、3次元より格段に難しいようだ。

「場の量子論」	「統計力学」
——ユークリッド化⟶	
ミンコフスキー計量（不定計量）	ユークリッド計量（正定値計量）
ダランベルシアン	ラプラシアン
クライン-ゴルドン方程式（双曲型）	ポアッソン方程式（楕円型）
ワイトマンの公理系	オステルワルダー-シュラーダーの公理系
ワイトマン超関数	シュウィンガー関数

数学の問題としての意味

量子化する前の段階で「ヤン-ミルズ場」を研究することは、これまでの数学でとても熱心に研究されていて、多くの成果が生まれている。特に、「ヤン-ミルズ汎関数」を最小にする「接続」について詳しく研究がされており、なかでも顕著な成果として、（平らな、普通の）4次元空間（$\boldsymbol{R}^4$）が、他の次元（$\boldsymbol{R}^n$、ただし $n\neq4$）とまるっきり異なる、誰も予想すらできなかった、驚くべき性質（無限種類の可微分多様体としての構造を持つこと、ここでは詳しくは説明できない）を持つことが、1980年代の終わりにドナルドソンにより明らかにされた。この結果は、他の方法では思いつきもしないものだった。もっとも、このような事実が「ヤン-ミルズ場」

の研究とつながるという事も（ドナルドソン以外の）誰も考えもしなかったと思われる。

ドナルドソンの理論は高度な技術を必要とする。しかし、1990年代の中頃になって、もっと技術的な困難の少ない理論で、同等の結論が得られる事が発見された。これは、サイバーグとウィッテンが、量子場の研究の中から見出した。

だから、「量子」が付いた「ヤン-ミルズ理論」の方も数学でまともに扱えるようになれば、どんな数学的に驚くべき結果をもたらしてくれるか、予想することさえできない。「量子ヤン-ミルズ理論」は、現実の世界を記述していると考えられるから、これを数学的に問題のない形で展開する事は、もちろん、興味深いワクワクするチャレンジである。しかし、その研究の過程で生まれてきた概念が、他の数学の問題の研究に、常に新しいアイディアを提供し、そして、真に飛躍的な進展をもたらしてきていることも、この「量子ヤン-ミルズ理論」の問題が重要視される大きな理由である。

（参考）ゲージ場の生まれる場面

ゲージ場が生まれる場面を、お目にかけたい。

簡単のため、ゲージ場としての電磁場、つまり、ファイバーが複素数平面の場合を考える。さらに、時空は1次元で x 方向しかないとしよう。そして、波動関数を $\phi(x)$ と書く。このとき、波動関数 $\phi(x)$ を局所的ゲージ変換したものは、ある関数 $c(x)$ を使って、$c(x)\cdot\phi(x)$ と書ける。（正確には、$c(x)=\exp(i\theta(x))$ と、実数関数 $\theta(x)$ を使って書けるが、見やすくした。ただし、i は虚数単位である）

さて、局所的ゲージ変換した $c(x)\cdot\boldsymbol{\phi}(x)$ を、時空の座標 x で微分すると、結果は、

$$\frac{d}{dx}\{c(x)\cdot\boldsymbol{\phi}(x)\}=\frac{d}{dx}c(x)\cdot\boldsymbol{\phi}(x)+c(x)\cdot\frac{d}{dx}\boldsymbol{\phi}(x)$$

となる。変換する前の $\boldsymbol{\phi}(x)$ の微分

$$\frac{d}{dx}\boldsymbol{\phi}(x)$$

に比べると、かなり複雑になっている。

ここで、関数 $A(x)$ を考えて、操作Dを次の式で定義する。(このDを「共変微分」と呼ぶ)

$$D\boldsymbol{\phi}(x)=\frac{d}{dx}\boldsymbol{\phi}(x)+A(x)\cdot\boldsymbol{\phi}(x)$$

ただし、局所的ゲージ変換すると $A(x)$ は次のように変換されることにする。(だから、$A(x)$ は本当は普通の関数ではない)

$$A(x)\xrightarrow[\ ]{\text{局所的ゲージ変換}}A(x)-\left(\frac{1}{c(x)}\right)\frac{d}{dx}c(x)$$

$\boldsymbol{\phi}(x)$ に局所的ゲージ変換を行って、Dに局所的ゲージ変換を行った D' を施すと、

$$D'\{c(x)\cdot\phi(x)\}$$

$$=\frac{d}{dx}\{c(x)\cdot\phi(x)\}+\left\{A(x)-\left(\frac{1}{c(x)}\right)\frac{d}{dx}c(x)\right\}\cdot\{c(x)\cdot\phi(x)\}$$

$$=c(x)\cdot D\phi(x)$$

となるではないか！（痛快なので、ご自身でお確かめください）これは、$\phi(x)$ に定数 c をかけたものを微分すると

$$\frac{d}{dx}(c\cdot\phi(x))=c\cdot\frac{d}{dx}\phi(x)$$

となるのと、同じ形である。（定数 c を $\phi(x)$ にかけるのは大域的ゲージ変換である）

こうなれば、局所的ゲージ変換しても物理法則は変化しないことが示せるが、そこは説明を省く。

この $A(x)$ が、数学流には「接続」であり、物理流には「ゲージ場」である（何度も書くが、$A(x)$ は本当は普通の関数ではない）。「ヤン－ミルズ場」でも、$c(x)$、$\phi(x)$、$A(x)$ の次元が増えたり、非可換になるだけで、場が生み出される操作の本質は、ここでの計算で尽きている。

ただし、ここでは、非常に単純化したため、$A(x)$ と電磁ポテンシャルとの関係は、少し考えないと判らない。

ナヴィエ-ストークス（方程式の解）の存在と滑らかさ

ナヴィエ-ストークス方程式は、水や大気などの「流体」の運動の基礎的な方程式である。ナヴィエが研究していた橋の設計から、船や飛行機の設計、さらには天気予報にも使われる重要な方程式だ。

ナヴィエ-ストークス方程式は、（一般には）5個の偏微分方程式からなる連立偏微分方程式である。そして、「流体」に働く外力と境界条件、初期条件が与えられたとして、この方程式を解く（**図1**）。

ミレニアム賞問題では、特に「流体」が「縮まない」場合

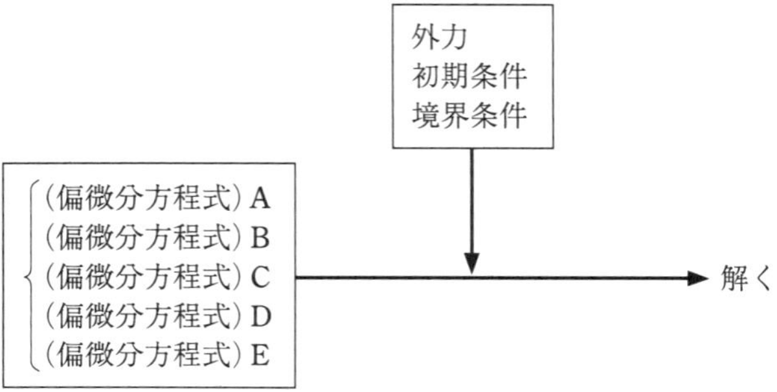

図1　ナヴィエ-ストークス方程式（2つの四角）

を考えている。そして、外力や初期条件に、現実の状況を反映した条件を付けた場合を考えて、以下を示すことがミレニアム賞問題となった。順に解説するので、判らない言葉があっても気にしないでともかく読んでください。

ナヴィエ-ストークス方程式の解の存在と滑らかさ

（「縮まない」流体についての）ナヴィエ-ストークス方程式について、以下のいずれかを証明せよ。

（A）3次元空間全体で外力がないときに、未来永劫（過去は問わない）かつ全空間にわたる「滑らかな」解が必ず存在する。

（B）3次元空間全体で外力がないときに、未来永劫にわたる（過去は問わない）空間的に周期的な「滑らかな」解が必ず存在する。

（C）3次元空間全体で、未来永劫（過去は問わない）かつ全空間にわたる「滑らかな」解が存在し得ないような、ある初期条件（時刻0での流速の分布）と、ある「滑らかな」外力が存在する。

（D）3次元空間全体で、未来永劫にわたる（過去は問わない）空間的に周期的な「滑らかな」解が存在し得ないような、ある初期条件（時刻0での流速の分布）と、ある「滑らかな」外力が存在する。

少し判り易く述べると、空間の次元が3次元のときに（というのは、われわれが普段暮らしている状況のこと）、①「外力がなければ未来永劫にわたって空間のすべての点で流体の運動は予測できる、という主張は正しいか（上の四角の

G. G. ストークス（1819―1903）

中の(A))」、あるいは②「時刻0での流体の速度と、外力のいかんによっては、将来のある時点では、空間のどこかの点で流体の運動が予測できなくなることがあるという主張は正しいか(上の四角の中の(C))」、のどちらか、あるいは、「周期的な解の場合（上の四角の中の(B)あるいは(D))」（現実にはありえないが）をはっきりさせれば、100万ドル貰《もら》えるということだ。

ところで、「滑らか」って何？

ところで、「滑らか」「滑らか」とうるさいが、これは立派な数学の術語で、英語のsmooth（スムーズ）の訳だ。「滑らか」とは、「何回でも好きなだけ微分できる（多変数の場合は、どの変数についても何回でも好きなだけ偏微分できる)」という意味だ。したがって、「滑らか」な関数を好きな回数だけ微分した結果も、「滑らか」である。現実的な状況に対応する解は（初期条件や境界条件も「滑らか」な場合）「滑らか」であると伝統的に信じられているので、ナヴィエ-ストークス方程式についても「滑らか」な解を問題にする。

流体の運動方程式を求めよう

気体や液体は、「変形する」という共通の性質を持つことが本質的である。そこで、この性質に着目して気体と液体をまとめて「流体」と呼ぶ。

このような「流体」についての運動法則も、本質はもちろんニュートンの質点の運動法則に他ならず、微分方程式で表される。ナヴィエ-ストークス方程式もその一つで、十分一般的な状況に対して成り立つと考えられている方程式だ。ただし、「流体」の場合に「質点」に当たるものが何なのか、「力」とはどんなものを考えれば良いのかがまず問題になる。

さて、何が判ったら流体のように空間的に広がりを持った物体の運動が判った事になるだろうか。

例えば、流体の各点での「流体の速度」が判ると良さそうだ。3次元だと、x方向、y方向、z方向の3方向があるので、それぞれの方向について一つずつの「流体の速度」がある。

ここで注意が必要である。「各点」での「流体の速度」は厳密には考えられない。それぞれの点には流体の分子が確率的にあるかないかだし、そこにあるということになったら、不確定性原理から速度は確率的にしか判らないからだ。

そこで、「各点」と言っても、その点のまわりに、ある程度の体積を持った、その中に複数の分子を含んだ流体の微小な部分を意味しているとする。そして、「流れの速度」というのは、それらの分子の平均の速度の事であると考える。このように考えると、「流れの速度」は点の位置に応じて連続的に変化するとみなして良いだろう。このように各点での物理量を考えた物体を、「連続体」と呼ぶ事がある。

x 方向、y 方向、z 方向の「流体の速度」を、u, v, w としよう。これらは、点の位置と時間の関数だから $u(t, x, y, z)$, $v(t, x, y, z)$, $w(t, x, y, z)$ と書ける。（t が時間を表す変数）

ナヴィエ-ストークス方程式の最初の 3 個の方程式は、ワンセットでニュートンの運動方程式に対応している。つまり、

（流体の「各点」の質量）×（流体の「各点」の加速度）
＝（流体の「各点」に働く力）

である。

左辺の第 1 項の「流体の「各点」の質量」とは「密度」のことだ。「各点」の意味を上で説明した意味にとれば、きちんと考えることができる。これも、時間と点の位置の関数で、$\rho(t, x, y, z)$ で表す。（ρ は「ロー」と読むギリシャ文字の小文字である）

流体の「加速度」を求めよう

次は、左辺の第 2 項の「流体の「各点」の加速度」を調べよう。これは、「流体の速度」を微分すればよい。微分の定義に戻ると、これは

1） 流体のある「1 点」（$A=(x, y, z)$ としよう）での「流体の速度」を、
2） この点が微小時間 Δt 経って流れた先の「1 点」* での「流体の速度」から引いたものを、
（* この「1 点」は $A'=(x+\Delta x,\ y+\Delta y,\ z+\Delta z)$ としてよいだろう。ただし、Δt、Δx、Δy、Δz は t、x、

y、z 変数の微小な変化量を表す）

3）Δtで割って、

4）Δtを 0 に限りなく近づけて、

求められる **（図 2）**。

x 方向の「流体の速度」$u(t, x, y, z)$ について実際に計算して、「x 方向の加速度」を求めてみると、次のようになる。A が A′ に流れる間に、点の位置だけでなく時間もΔt だけ経過していることを忘れないようにしよう。

（x 方向の加速度）

$$=\lim_{\Delta t\to 0}\frac{u(t+\Delta t,x+\Delta x,y+\Delta y,z+\Delta z)-u(t,x,y,z)}{\Delta t}$$

$$=\lim_{\Delta t\to 0}\frac{\left(\begin{array}{l}\frac{\partial u}{\partial t}(t,x,y,z)\times\Delta t+\frac{\partial u}{\partial x}(t,x,y,z)\times\Delta x+\frac{\partial u}{\partial y}(t,x,y,z)\times\Delta y\\ +\frac{\partial u}{\partial z}(t,x,y,z)\times\Delta z+(\Delta t,\Delta x,\Delta y,\Delta z\text{について 2 次以上})\end{array}\right)}{\Delta t}$$

$$=\lim_{\Delta t\to 0}\left(\begin{array}{l}\frac{\partial u}{\partial t}(t,x,y,z)\times\frac{\Delta t}{\Delta t}+\frac{\partial u}{\partial x}(t,x,y,z)\times\frac{\Delta x}{\Delta t}+\frac{\partial u}{\partial y}(t,x,y,z)\times\frac{\Delta y}{\Delta t}\\ +\frac{\partial u}{\partial z}(t,x,y,z)\times\frac{\Delta z}{\Delta t}+\frac{(\Delta t,\Delta x,\Delta y,\Delta z\text{について 2 次以上})}{\Delta t}\end{array}\right)$$

2 番目の等号のところの変形で、テイラーの定理（の多変数版）を使った。$\partial u/\partial t$、$\partial u/\partial x$、$\partial u/\partial y$、$\partial u/\partial z$ は、偏微分係数と呼ばれるもので、それぞれ分母に書いてある変数（順に t、x、y、z）以外を定数だと思うことで、（普通の）1 変数の関数だと思って微分したものだ。「偏」の部分は、

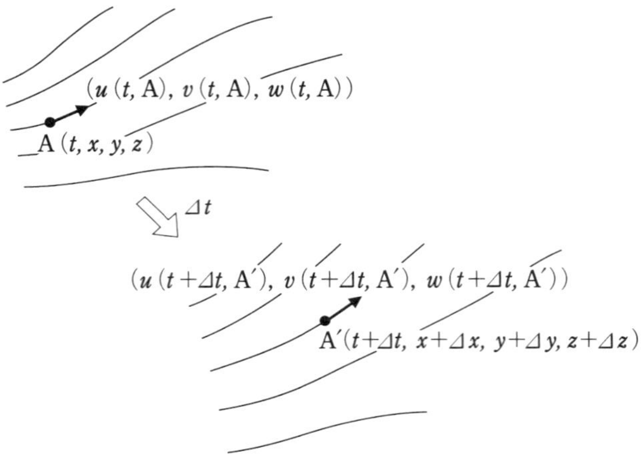

図2　ある時間 t から Δt だけ経過した場合を考えて加速度を求める

英語では partial である。「一部分だけ」微分するのだ。恐れることはない。

さて、3番目の等号の変形の後で、Δt を 0 に近づけると、$\Delta x/\Delta t$, $\Delta y/\Delta t$, $\Delta z/\Delta t$ は結局、「点」$A=(x, y, z)$ における、x 方向、y 方向、z 方向の時刻 t での速度 $u(t, x, y, z)$, $v(t, x, y, z)$, $w(t, x, y, z)$ になる。さらに、最後の項は 0 になるので、結局、

$$(x方向の加速度)=\frac{\partial u}{\partial t}+\frac{\partial u}{\partial x}\times u+\frac{\partial u}{\partial y}\times v+\frac{\partial u}{\partial z}\times w \qquad (1)$$

となる。(関数の変数は煩わしい（し、判ると思う）ので省略した)

同様にして、(1)式で、偏微分される u を v にすれば y 方

向の加速度が、wにすればz方向の加速度が求まる。

第1の困難=「非線形」

ここで、(1)式の右辺の第2〜4項に、

$$(\text{速度を微分したもの})\times(\text{速度})\left(\text{例えば、}\frac{\partial u}{\partial y}\times v\right) \quad (2)$$

という項が現れていることに注目してほしい。この項は、未知関数である「流体の速度」についての「非線形」（意味は後で説明する）な項である。非線形な微分方程式を解くことは（微分がなくとも）難しい。これらの項が、ナヴィエ-ストークス方程式の困難の第1の由来だ。(2)式の、このかけ算が曲者《くせもの》なのだ。

（一般の）ナヴィエ-ストークス方程式

「流体の「各点」に働く力」については、物理的な考察から決まる。この点については章末の参考にまとめることにして、さっそく、ナヴィエ-ストークス方程式を書き下した結果を見よう。

上から順にx方向、y方向、z方向の方程式である。ミレニアム賞問題に出てくるナヴィエ-ストークス方程式は、これを少し変形したものだ。その点については後で説明する。だから、以下の方程式は、「一般の」ナヴィエ-ストークス方程式と呼ぶことにする。

$$\rho\left(\frac{\partial u}{\partial t}+\frac{\partial u}{\partial x}u+\frac{\partial u}{\partial y}v+\frac{\partial u}{\partial z}w\right)$$
$$=\rho K_x-\frac{\partial p}{\partial x}+(\lambda+\mu)\frac{\partial}{\partial x}\left(\frac{\partial u}{\partial x}+\frac{\partial v}{\partial y}+\frac{\partial w}{\partial z}\right)+\mu\left(\frac{\partial^2 u}{\partial x^2}+\frac{\partial^2 u}{\partial y^2}+\frac{\partial^2 u}{\partial z^2}\right) \quad (3x)$$

$$\rho\left(\frac{\partial v}{\partial t}+\frac{\partial v}{\partial x}u+\frac{\partial v}{\partial y}v+\frac{\partial v}{\partial z}w\right)$$
$$=\rho K_y-\frac{\partial p}{\partial y}+(\lambda+\mu)\frac{\partial}{\partial y}\left(\frac{\partial u}{\partial x}+\frac{\partial v}{\partial y}+\frac{\partial w}{\partial z}\right)+\mu\left(\frac{\partial^2 v}{\partial x^2}+\frac{\partial^2 v}{\partial y^2}+\frac{\partial^2 v}{\partial z^2}\right) \quad (3y)$$

$$\rho\left(\frac{\partial w}{\partial t}+\frac{\partial w}{\partial x}u+\frac{\partial w}{\partial y}v+\frac{\partial w}{\partial z}w\right)$$
$$=\rho K_z-\frac{\partial p}{\partial z}+(\lambda+\mu)\frac{\partial}{\partial z}\left(\frac{\partial u}{\partial x}+\frac{\partial v}{\partial y}+\frac{\partial w}{\partial z}\right)+\mu\left(\frac{\partial^2 w}{\partial x^2}+\frac{\partial^2 w}{\partial y^2}+\frac{\partial^2 w}{\partial z^2}\right) \quad (3z)$$

それぞれの右辺の第1項は外力（x 方向、y 方向、z 方向の成分がそれぞれ $K_x(t, x, y, z)$、$K_y(t, x, y, z)$、$K_z(t, x, y, z)$）、第2項は圧力（$p(t, x, y, z)$）に関係する項だ。

第3項は流体が「縮む」ことに関する項で、ミレニアム賞問題で考えている「縮まない」流体ではこの項は消える。それは、「縮まない」流体の定義が、

$$\frac{\partial u}{\partial x}+\frac{\partial v}{\partial y}+\frac{\partial w}{\partial z}=0 \quad (4)$$

だからだ。したがって、ミレニアム賞問題で考えているナヴィエ-ストークス方程式には第3項はない。

第2の困難＝「粘性」

最後の第4項は流体の「粘性」に関する項である。

(3x)、(3y)、(3z) の3式の左辺には、未知関数 (u, v, w) についての非線形な項があり、これがナヴィエ-ストークス方程式の困難の第1の由来であることを先に説明した。困難の第2の由来は、この右辺の第4項である。

右辺の第4項は、「流体の速度」を2回偏微分したものだ。一般に、偏微分方程式の性質は、いちばん微分回数の多い項の様子によって決まる。そのような方程式の性格を左右する重要な場所に、粘性を表す係数 μ（これもギリシャ文字の小文字で、「ミュー」と読む）が付いている。すぐ後で説明するが、この「粘性」を考慮することがナヴィエ-ストークス方程式の本質で、そのことが方程式の難しさに直結しているわけだ。

この μ は粘性率と呼ばれ、右辺の第4項は「粘性項」と呼ばれる。なお、第3項に出てくる λ（このギリシャ文字の小文字は「ラムダ」と読む）は第2粘性率と呼ばれる。

「粘性項」の生みの親ナヴィエ

ナヴィエ-ストークス方程式で、「粘性」がない、つまり $\mu=0$ として得られる方程式はオイラー方程式と呼ばれる。流体の運動方程式としてはこの方がナヴィエ-ストークス方程式よりは古い。

さて、19世紀の初めごろ、フランスにナヴィエという土木技術者がいた。彼はそれまでの行き当たりばったりの橋の設計法を、理論的なものとすることに力を注いだ。1820年頃には、当時イギリスで発展していた近代的な吊り橋をパリにかけることになり、彼はその設計を行った。その頃発表されたのがナヴィエ-ストークス方程式である。

実際には彼の設計した橋は、建設途中に起きた、市街地からの下水の排水ポンプの故障により橋脚の周囲の土壌が流されたことなどが原因となって工事は中止された。ナヴィエ自身は自分の設計理論に絶大な自信を持っており、いわゆる「安全率」（強度などを設定する際に、理論的に算出された値にさらに安全の余裕をみてかける倍率のこと）を使わなかったが、そのために彼の設計に不安を抱く人も多かった。そこに事故が起きたために、工事の出資者がみな資金を引き揚げてしまい、途中までできた橋も結局、撤去されてしまった。（ナヴィエの橋のあった場所は、廃兵院（ナポレオンが葬られている）とシャンゼリゼの間で、今は、アレクサンドルIII世橋がかかっている）

ナヴィエの研究とは、オイラーの方程式では考慮されていなかった「粘性」という性質をどのように取り込めば、現実の流体をより上手く説明する方程式を導くことができるかということだった。

わたしたちが洗濯できるのも、「粘性」のおかげであると言ったら、言い過ぎだろうか？　水に「粘性」がなければ、洗濯槽が回っても中の水は回らず、洗濯物はじっと静止した水の中に静かに漬かっているだけになるだろう。「粘性」のおかげで洗濯槽の内側と接している水が動き、やがて中の水と洗濯物が回り出して洗濯できるのだ。「粘性」を無視しては、現実の流体の運動は語れない。

ナヴィエの論文自体はあまり注目されず、その後、いろいろな人が彼の論文を（多分）知らずに、彼の結果と重なり合う研究結果を発表した。なかでも、イギリスのストークスという数学者が1845年頃に発表した形が、現在の理論の基礎になっている。

そこで、流体の運動に「粘性」を取り込んで精緻な結果を初めて出したナヴィエと、彼と同様の事柄を独立に研究し、数学的にある程度完成された形でまとめあげたストークスの２人の貢献を記憶に留めるために、この「粘性」を考慮した流体の運動方程式を、ナヴィエ-ストークス方程式と呼ぶ。

もう2個いるぞ!

これまでに求めた３個の運動方程式には、密度 ρ と圧力 p が出てきたので、結局求める関数は、３方向の「流体の速度」（u, v, w）と密度 ρ、圧力 p の計５個になった。方程式はまだ３個しかないので、さらに２個が必要である。

そのうちの一つは、質量保存の法則を表す連続の方程式で、次のようになる。

$$\frac{\partial \rho}{\partial t} = -\left\{ \frac{\partial}{\partial x}(\rho u) + \frac{\partial}{\partial y}(\rho v) + \frac{\partial}{\partial z}(\rho w) \right\} \qquad (5)$$

もう一つは、密度と圧力の関係を表す式が使用される。これは流体の個性を反映するものだから、次のように一般的な関数の形で表すしかない。

$$f(p, \rho) = 0 \qquad (6)$$

一般のナヴィエ-ストークス方程式とは、正確には、(3x)、(3y)、(3z) の３式に、(5)、(6)の２式を併せた、５つの方程式を連立させたものを指す。

ミレニアム賞問題のナヴィエ-ストークス方程式

ミレニアム賞問題に出てくるナヴィエ-ストークス方程式は、以下のとおり、さらに少し違った形をしている。数学的には、主にこの形で研究が行われている。

ミレニアム賞問題のナヴィエ-ストークス方程式

$$\left(\frac{\partial u}{\partial t}+\frac{\partial u}{\partial x}u+\frac{\partial u}{\partial y}v+\frac{\partial u}{\partial z}w\right)=K_x-\frac{\partial p}{\partial x}+\nu\left(\frac{\partial^2 u}{\partial x^2}+\frac{\partial^2 u}{\partial y^2}+\frac{\partial^2 u}{\partial z^2}\right) \quad (7\mathrm{x})$$

$$\left(\frac{\partial v}{\partial t}+\frac{\partial v}{\partial x}u+\frac{\partial v}{\partial y}v+\frac{\partial v}{\partial z}w\right)=K_y-\frac{\partial p}{\partial y}+\nu\left(\frac{\partial^2 v}{\partial x^2}+\frac{\partial^2 v}{\partial y^2}+\frac{\partial^2 v}{\partial z^2}\right) \quad (7\mathrm{y})$$

$$\left(\frac{\partial w}{\partial t}+\frac{\partial w}{\partial x}u+\frac{\partial w}{\partial y}v+\frac{\partial w}{\partial z}w\right)=K_z-\frac{\partial p}{\partial z}+\nu\left(\frac{\partial^2 w}{\partial x^2}+\frac{\partial^2 w}{\partial y^2}+\frac{\partial^2 w}{\partial z^2}\right) \quad (7\mathrm{z})$$

$$\frac{\partial u}{\partial x}+\frac{\partial v}{\partial y}+\frac{\partial w}{\partial z}=0 \quad (4)$$

一般のナヴィエ-ストークス方程式を上の4式に変形するには、流体の密度が、最初に考えている空間全体で一定値 ρ_0 だったと仮定する（つまり、$\rho(0, x, y, z)=\rho_0$ とする）。そして一般のナヴィエ-ストークス方程式(3x)、(3y)、(3z)の両辺をこの定数 ρ_0 で割り、p/ρ_0 を改めて p とおけばよい。

ミレニアム賞問題は、「縮まない」流体の場合（すなわち(4)式が成り立つ場合）なので、連続の方程式(5)から、流体の各部分が流れていっても密度が変化しないことが示せる。したがって、最初の密度が空間全体で一定だったとする上の仮定からは、流体の密度は、いつの時点でも空間全体で一定

（ρ_0）になることが判る。そこで、この仮定を、「均質性の仮定」と呼ぶ。

こうして、密度が、すべての時間を通じてすべての場所で一定であるとの仮定をおいたから、流体の速度（u, v, w）以外の未知関数は p だけになり、方程式は 4 個でよい。なお、(7x)、(7y)、(7z) 式で μ/ρ_0 を ν（ニュー）と書いた。これを運動粘性率と呼ぶ。

(7x)、(7y)、(7z)、(4) の 4 式の連立方程式を、外力 K_x, K_y, K_z と、流体の速度 u, v, w についての境界条件と初期条件が与えられたとして解け、というのがミレニアム賞問題で問われていることである。（なお、ミレニアム賞問題では、外力と、初期条件（時刻 $t=0$ での流体の速度）の大きさに、物理的に意味のある場合を考えるための仮定が設けられているが、ここでは解説を省く）

境界条件と初期条件

境界条件と初期条件について説明しよう。

境界条件とは何か。現実の流体は、ある有限の空間の中にある。そこで、そのような空間の境界の部分と流体が接している部分がある。「粘性」を考慮している以上、境界の部分の運動とこれに接している流体の運動とは連動しているはずだ。そこで、考えている時間を通じて、境界での速度にこのような条件を課す。これを境界条件と言う。もっとも、ミレニアム賞問題は、3 次元空間全体に広がっているような流体を考えており、この場合は特に境界条件は設けられていない。

初期条件は、時刻 $t=0$ での流体の速度（$u^0(x, y, z)$,

$v^0(x, y, z), w^0(x, y, z)$）を考えている流体全体に対して与えたものだ。ミレニアム賞問題では、この（u^0, v^0, w^0）についても「縮まない」ことを仮定する。すなわち、(4)式（で u, v, w をそれぞれ u^0, v^0, w^0 にかえた式）が成り立つことを仮定する。

気をつけてほしいのは、方程式の方は流体の特性で一つに決まるが、境界条件や初期条件の方は同じ方程式に対して無数に考えられる点である。偏微分方程式については、方程式の形は同じでも、考えている空間の形、つまり、境界条件によっては解が存在しないこともある。したがって、境界条件や初期条件が異なったら、別の問題と考える必要があるのだ。偏微分方程式は、境界条件と初期条件までセットにして一つの方程式と考えなくてはならない。

非線形で困った！

ナヴィエ-ストークス方程式の第１の困難、それは方程式の中に、

$$(\text{速度を微分したもの})\times(\text{速度})\ (\text{例えば、}\frac{\partial u}{\partial y}\times v)$$

という「非線形」な項が出てくることに由来する。すると、どうして方程式を解くことが困難になるのか？

関数を（偏）微分する操作には、次の性質がある。以下で、F、G は関数を、k は数を表す。また、微分や偏微分を D で表す。

$$D(F+G)=D(F)+(G) \tag{8a}$$
$$D(k\times F)=k\times D(F) \tag{8b}$$

(8a)式は、関数同士の足し算を行ってから微分した場合と、微分を先に行った関数同士の足し算の結果とは同じであることを表している。(8b) 式は、関数に数をかけてから微分した場合と、微分を先に行った関数にその数をかけた結果は同じであることを表している。この微分のような (8a)、(8b) の性質をもった操作を、「線形」な操作と言う。多変数の関数についての偏微分も「線形」である。また、「線形」な操作を何回繰り返しても線形である。

一般に、関数に対する線形な操作をAとして、

$$A(F)=0 \tag{9}$$

という方程式を考えよう。関数FとGが方程式(9)の解だとする。このとき、λとμを任意の数として、$\lambda F+\mu G$も方程式(9)の解になる。つまり、2つの異なる方程式(9)の解があると、それをもとに無数の方程式(9)の解が作れることになる。

方程式(9)が（偏）微分方程式になるときは、このようにして知られている解から新しい解を作り出すことを、「重ね合わせの原理」と呼ぶ。微分方程式が「線形」なら、いくつか解が判っていたら、それをもとに「重ね合わせの原理」によって無数の解を系統的に作り出せるのである。

「非線形」というのは「線形」ではない、という意味だ。「非線形」な操作の例としては、例えば関数Fに対する線形な操作をAとして、$F\times A(F)$という操作を考えるとよい。

非線形な（偏）微分方程式に対しては、線形な（偏）微分方程式について通用した、2個の解から無限の解を得る、「重ね合わせの原理」は通用しない。いくつかの解から組織的に解を作り出せる方法があるという保証は一般にはない。つまり、どんな場合に解が求まってどんな場合には求まらないか、という事は、一般的な話としては片付かない。これが、ナヴィエ-ストークス方程式を解く事が格段に難しい理由である。

ナヴィエ-ストークス方程式がミレニアム賞問題なわけ

物理で出てくる基本的な方程式は、ほとんどが線形偏微分方程式である。熱伝導または拡散の方程式も、波動方程式も、シュレディンガー方程式も。また、20世紀末に話題になったブラック-ショールズ方程式もその正体は拡散方程式だから線形だ。もちろん、ある程度の近似を行ったから、これらが線形になったのだ。

しかし、ナヴィエ-ストークス方程式が非線形になったのは加速度を求める部分で、しかも、微分の定義に従っただけの純粋に数学的な操作が原因だ。物理的な近似等の操作の結果ではなく非線形性が現れてしまったのである。ナヴィエ-ストークス方程式のような基本的な方程式の解の存在状況が解明されないのは物理的にとても困ったことであるが、それが数学的な由来を持つ非線形性が原因だとなると、数学としては何としても解決させなくてはならない。

解の存在や一意性はどこまで判っているか

ミレニアム賞問題は、3次元空間全体の流体の速度（または周期的な場合）について、ナヴィエ-ストークス方程式の解に関する以下の命題のうちのいずれかが成り立つことを証明できるか、という問題だ。賞金はどれかを解けばあげるよ、という意味だが、たぶん全部成立すると思われているのだろう。その2つとは：

(A) 外力がないときには、未来永劫にわたって（過去は問わない）「滑らか」な解が必ず存在する。
(B) 時刻0での速度と、外力（「滑らか」とする）によっては、「滑らか」な解が存在し得ない、つまり、将来のいずれかの時点ではどこかの点で解が「滑らか」ではなくなる（現実には、渦の中心などの流速が考えられなくなる点に対応する）事が起きる。

これに答えることは世紀の難問であると思われているわけだが、これまでに例えば以下のことが判っている。

(1) 最初の流体の速度が十分遅いとき

時間0での初期速度が「ある程度小さけ」れば、(A)が成り立つことが知られている。

(2) 速度が時間が経っても変わらない解

速度が時間によって変化しない解を定常解と言う。ナヴィエ-ストークス方程式の解で、時間によらないものを考えるには、(7x)、(7y)、(7z) 式で、時間で（偏）微分している項を0とする。

定常解の一意性は粘性係数の大きさによって変化することが知られている。例えば有限の空間では、外力に比べて粘性係数が大きいときは解は一意だが、小さいときは一般に複数個存在し、そして粘性係数が0になった場合（オイラー方程式、以下で説明する）には定常解は無数に存在することが知られている。このように、方程式の（性格を支配する）パラメーターの値の変化に伴って解の有り様が変化する事実は、解の分岐と呼ばれていて、カオスと呼ばれる現象の数学的な側面の一つとして、いろいろな非線形の方程式に対して研究されている。

また、粘性係数が小さい場合、存在し得るとされる定常解はどれも不安定で実現しない。実際の流れは乱流と呼ばれる工学上の問題を伴うものになりいろいろな研究がされているが、これについても全貌の理解には程遠い。

(3) オイラー方程式

粘性係数が0のときの方程式は、オイラー方程式と呼ばれ、ナヴィエ-ストークス方程式以前から研究されていた。しかし、解の存在について判っていることは、ナヴィエ-ストークス方程式に対することと似たり寄ったりの水準でしかない。フェファーマンは、クレイ数学研究所のミレニアム賞問題の「専門的な」解説の中で、ナヴィエ-ストークス方程式に対するミレニアム賞問題での問いを、オイラー方程式に対して考察することも、ミレニアム賞問題と同様に重要であると言っている。

粘性係数があると、確かに方程式は難しくなる。しかし、粘性係数が0でも本質的に難しいのだから、「非線形である」ということがナヴィエ-ストークス方程式を解くことの困難の本質であることが判る。

(4) 2次元空間を流れているとき

現実は3次元なのだが、例えば、川の中の橋脚の周りの流れは2次元だと思うことができるので、2次元の場合を考えるのも大事である。2次元のときは(A)、(B)とも正しいことが知られている。

特に2次元のオイラー方程式は、電磁場の理論で出てくるポアッソン方程式を通じて、調和関数や（複素数の関数として重要な）正則関数と関係が深い。この関連を逆手にとって、正則関数を流体のイメージで理解しようとしたのが、流体力学の大家の今井功だ。彼は、さらに進んで佐藤幹夫の考え出した超関数（英語では hyperfunction と呼ぶ）も、渦層という流体のイメージで説明している。この解説では渦について全く触れられないが、もちろん流体力学では重要な概念である。

この関連性は2次元に特有であり3次元の場合についての参考にはならないと、先に触れたクレイ数学研究所の解説にフェファーマンは記している。

(5) 4次元空間を流れているとき

4次元を考えてどうするの、という声も聞こえるが、なんでも考えるのが数学である。この場合「弱解」と呼ばれるものを考えると、少なくとも1つは存在することが知られている（空間が4次元以下なら成り立つ)。「弱解」の概念は現在の偏微分方程式の研究の際の定石になっているので、次に説明しよう。

ときどき値が無限大になるかもしれない解

いきなりナヴィエ-ストークス方程式の「滑らかな」解を求めるのは難しい。そこで、「弱解」と呼ばれる、ときどき値が無限大になるかもしれない解を求め、それから結局、その「弱解」が「滑らか」になる（したがって、無限大になる点はない）ことを示すのが、多くの偏微分方程式の研究を進めるときの、今のところのセオリーである。

現実の流れを考えると、渦があったりするので、「滑らかな」解より広い範囲で解を探すのは、妥当な事のように思える。

しかし、「ときどき値が無限大になるかもしれない関数が、微分方程式の解であるとはどういう事か」というのが問題である。第一、解は微分できなければならない気がするが、値が無限大になる点で微分を考えるのは無理があるだろう。にもかかわらず、「ときどき値が無限大になるかもしれない関数が、微分方程式の解である」ということを、数学的にきちんと考えることができる。微分は考えられなくても、微分方程式は考えることができる理屈があるのだ。そして、その理屈で考えた微分方程式の解を「弱解」と呼ぶ。

ルレイのからくり

このような理屈はいくつか知られているが、ナヴィエ-ストークス方程式との関連では、1930年代にフランスの数学者ルレイが発表した考えが重要である。

その基本になるのは、2つの事実である。一つ目は、

> （事実1）　ある「滑らか」な関数fを考える。
> 勝手な「滑らか」な関数uに対して、関数uと関数fとをかけた関数$f \cdot u$を、ある集合Wの上で積分したものが、常に0になるとする。
> このとき、関数fはW上で常に0になる。
> （以下、uやその微分は、Wの境界で0になるとする）

である。ここでは、証明はしない。

さて、（偏）微分方程式を、形式的に$P(v)=0$の形に書いておく。（事実1）のfを、ある「滑らか」な関数gに対する、$P(g)$で書き換えると、次の事が成り立つ。

> （事実1の応用）　ある「滑らか」な関数gを考える。
> 勝手な「滑らか」な関数uに対して、関数uと関数$P(g)$とをかけた関数$P(g) \cdot u$を、ある集合Wの上で積分したものが、常に0になるとする。
> このとき、関数$P(g)$はW上で常に0になる。
> すなわち、gは（偏）微分方程式$P(v)=0$の解である。

もう一つの事実は、

（事実２）　部分積分の公式を繰り返し用いると、
$(P(g)\cdot u$ の積分）に出てくる g にかかっている偏微分を、順次全部 u の方に押し付けることができる。「滑らか」な関数 u は何回でも好きなだけ微分できるから、u に微分を押し付けることには何の問題もない。こうして、
$(P(g)\cdot u$ の積分）を、$(g\cdot P'(u)$ の積分）の形に変形することができる（ここで、$P'(u)$ は、u の偏微分を含む式）。
　このとき、ある集合 W の上での
$(P(g)\cdot u$ の積分）が０であれば、$(g\cdot P'(u)$ の積分）も０で、逆も成り立つ。

である。
（事実２）と（事実１の応用）をつなげると次の事が判る。

　ある〔「滑らか」〕な関数 g を考える。
　勝手な「滑らか」な関数 u に対して、ある集合 W の上での $(g\cdot P'(u)$ の積分）が、常に０になるとすると［$(P(g)\cdot u$ の積分）も０だから、$P(g)$ は常に０になり］、g は、（偏）微分方程式 $P(v)=0$ の解である。

　ルレイのからくりの秘密は上の四角の中にある。
　関数 g として、値がところどころ無限大になってしまうかもしれない関数を考えると、微分できない限り
$(P(g)\cdot u$ の積分）は考えられないが、$(g\cdot P'(u)$ の積分）の方は考えることができる場合がある（g は一回も（偏）微分してないから）。すると、上の四角の中の［　］の部分を取

り去った文章は、値がところどころ無限大になってしまうかもしれない関数 g についても考えることができるではないか！

ルレイは、「ときどき値が無限大になるかもしれない関数 g」が「(偏)微分方程式 $P(g)=0$ を満たす」ということを、「どんな「滑らか」な関数 u についてもこの（$g \cdot P'(u)$ の積分）が0になる事」として考えたのである。

この「弱解」の考え方は、後にシュワルツの超関数（佐藤の超関数とは別で、こっちは英語では distribution と呼ぶ）につながった。今では、偏微分方程式は、普通の関数より一般化したこの（シュワルツの）超関数について考えるのが定石となっている。

ルレイは、考えている空間が3次元空間全体のときに、大きさが非現実的ではない増え方を持つ弱解（u, v, w, p）が存在することを示した。しかし、一意性はいまだに判っていない。今は、存在することが判った弱解の、都合の悪い点がどのくらいあるのかの研究が進められている。

オイラー方程式については困ったことに、弱解が一つとは限らない例が1990年代に見つかった。

ナヴィエ-ストークス方程式が解けなくて困らないのか

現実の流れの様子を知りたいとき、「レイノルズ数」と呼ばれる数が同じになるように、考えている問題の長さと速度のスケールを変えた模型を作って測定すれば、もとの場合の流れの様子が判る。もちろん、考えている問題の境界条件や初期条件も、そのまま「縮小」されていなくてはいけない。

この原理に基づいて、飛行機や建物の周りの流れの様子を測定するのが風洞実験である。最近では、コンピューターの性能が良くなり、また、コンピューター・シミュレーションの技術も非常に進んだため、コンピューターの中で済ますことも多くなっている。

しかし、あらゆる場合をシミュレーションできるわけではないし、無限の時間にわたってシミュレーションできるわけではない。解がいつでも存在するのか、はたまた解がある時間で「爆発」してしまう場合があるのか、ということは論証でアプローチするしかない。ナヴィエ-ストークス方程式の場合は、ミレニアム賞問題として述べられた「目標」と、これまでに得られた結果の間には、大きなギャップがある。フェファーマンも、今までの偏微分方程式の研究を超えた、新しいアイディアが必要だろうと言っている。そして、アプローチの過程では、今までがそうであったように、他の微分方程式の研究に非常に有効な数々の道具が産み出されるだろう。この楽しみはあまり早く終わらせてほしくはない。

（参考）流体の「各点」に働く力について

本文中では細かいことは省略したが、次のようになることが知られている。

（流体の「各点」に働く力）
　　　＝（流体の「各点」に、流体の外部から働く力）
　　　　＋（流体の「各点」で、流体の内部で発生する力）

右辺の第１項の「流体の外部から働く力」としては、例えば重力がそうだ。宇宙空間に行ってしまえば消えるかもしれないという意味で、有るときは有るし、無いときは無いので式でもそのまま書く。一つ大事な事は、この力は質量に比例するだろうと考えられる事だ。そこで、「各点」で考えるときは、ρ(密度)$\times K$(単位密度あたりの力）と書く。「各点」の近くでは密度は一定とみなすと、質量に比例する事と体積に比例する事とは同じだから、これを「体積力」と呼ぶ。

これに対して、第 2 項の「流体の内部で発生する力」は、「質点」のときには出てこなかった力だ。しかし、例えば、水の中に入ったときに体のまわりに圧力を感じる事を思い起こせば、なんとなく理解しやすいだろう。

結論を言うと、第 2 項は、「「応力」というものの、位置の変数についての偏微分係数」、つまり「「応力」の位置的な変化の度合い」となる。なぜ、外力はそのままなのに、「応力」は（偏）微分されてしまうのか。それは、「応力」は、「物体の中に勝手な面を一つ考えたときに、その両側の物体の部分が互いに及ぼし合う力」だとされ、「面積」に比例して働くという性質を持っているとされるからだ。例えば、「各点」のまわりの微小な部分を考えて、そこに働く圧力がその例である。

「応力」のような、面積に比例して働く力は「面積力」と呼ばれる。一般に、面積力は、ニュートンの運動方程式では、（偏）微分係数として登場するので、「応力」は（偏）微分されて第 2 項に登場するのだ。

これまでの話で、

（流体の「各点」に働く力）
　　　　＝（流体の「各点」に、流体の外部から働く力）
　　　　　＋（流体の「各点」での「応力」の偏微分係数）

となる事が判った。

応力の正体

外力は、字のとおり、流体の外部から与えられるものだから、それを流体の状態を表す量で書くことはできない。

しかし、「応力」の方は流体の内部で発生するのだから流体の状態を表す量で表せなくては、話はややこしくなる一方だ。

ここで、流体の「各点」のまわりに小さな球があるとしてそれが流れるときにどのようになるか考えよう。球の中身は外と同じ流体が入っていて、流体に合わせて自由に変形する膜で包まれているとして想像してほしい。球はもちろん流されるが、加えて回転し、さらに変形するだろう。そして、この変形によって力が生まれるに違いない。これが応力だ。

そこで、「応力」は「変形速度」の関数であると考える。ただし、

「変形速度」
　　＝（その点での流体の速度を位置の変数で微分したもの）
　　　－（平行移動と回転を表す部分）

である。（実際には、微分した段階で（平行）移動の分は差し引かれているので回転を表す部分を差し引けば良い）

「応力」も「変形速度」も、テンソルと呼ばれる量で、9(＝3×3)成分ある。「応力」とは、一般的には「変形速度」の9つの変数を持つ、9つの関数の組なのだ。

ナヴィエ-ストークス方程式では、一般の場合を考えるのは大変なので、「応力」（の各成分）は、「変形速度」の9つの変数の1次式であると仮定する。このときの定数項は、変形がない場合の「応力」だから、いわゆる「圧力」を表している。

オイラーは、「応力」として「圧力」のみを考慮して流体の運動を考えた。「応力」（の各成分）の、「変形速度」の9つの変数でのテイラー展開を考えると、オイラー方程式は0次だけを残して、1次以上の項を0とした近似だ。

ナヴィエ-ストークス方程式は、オイラーの考えでは不十分だとして、さらに1次の項まで考慮した。そのことにより流体の粘性を取り込むことができたのである。

なお、この仮定が妥当な流体を「ニュートン流体」と言う。現実には、この仮定が通用しない、非ニュートン流体も重要だが、通常の流体で、ふつうの状態で起きる運動には、ニュートン流体であるとする仮定は妥当であるとされる。つまり、そのような流体の運動に対してナヴィエ-ストークス方程式は有効である。

この本を書くにあたり参考にした本など

この本に書いてあることは、以下のいずれかの本に書いてある。

初めに断っておくと、こうやって列挙すると筆者は全部読んだと思うかもしれないが、もちろん、そんなわけはない。何とか話の筋を通すのに使えそうなところだけ（読んだわけではなく）目を通しただけだ。しかし、そういう読み方は、数学を勉強するにもきっといい方法に違いない。とにかく、定評のある本を、筋をつかむ事を第一に、思考が途切れないように読む事も、とても大事だと思う。

それから、ここにあげた以外にも関係する本はたくさんある。なお、それぞれの難易度を、独断で★１つ（興味さえあれば多分読める）から、★４つ（本格的な専門書）までで評価してみた。

なによりまず、クレイ数学研究所のミレニアム賞問題についてのホームページは見ておかなくてはいけない。各問題の出題解説と、賞金を貰うためのルールを見ることができる。
http://www.claymath.org/Millennium_Prize_Problems/

しかし、英語なので誰でも、というわけにはいかないだろう。ポアンカレ予想の解説には日本語訳がある。
http://kyokan.ms.u-tokyo.ac.jp/users/kokaikoz/milnor-j.pdf　★★★

ミレニアム賞問題の解説本も、本書の案の執筆をほぼ終わった頃、次の本が出版された。本書より、数学的にきちんと知りたいという人にお勧めする。
一松信ほか、**『数学七つの未解決問題――あなたも100万ドルにチャレンジしよう!』**、森北出版、2002年　★★★

もう少し一般向けの本としては、
キース・デブリン著、山下純一訳、**『興奮する数学　世界を沸かせる７つの未解決問題』**、岩波書店、2004年★
デブリンは、毎度、一般向けのしっかりした読みやすい本を書く。

雑誌「数学セミナー」（日本評論社）には関連する記事がたくさんある。そのうちのいくつかは、次の本にまとめられている。
数学セミナー編集部編、**『20世紀の予想　現代数学の軌跡』**、日本評論社、2000年　★★
「P 対 NP 問題」、「ポアンカレ予想」、「リーマン仮説」が取り上げられている。第一線の研究者が解説しているので、簡単というわけにはいかないが、他の予想（解かれたものも解かれていないものもある）もたくさん載っている。

少し数学の知識があるなら、日本数学会の雑誌「数学」にもミレニアム賞問題の解説が連載されたので、読むとよいだろう。さらに英語にチャレンジする気があれば、アメリカ数学会の会報「Notice」にも解説記事が載っている（こちら

は http://www.ams.org で覗《のぞ》ける)。どちらも★★★

以下では、問題(章)毎に参考にした本をいくつかあげる。

リーマン仮説に関する本はたくさんある。リーマンの論文の邦訳からはじめて、ドゥリーニュによるヴェイユ予想の解決まで解説してある本として、
鹿野健編著、『**リーマン予想**』、日本評論社、1991年 ★★
がある。まず、リーマンの論文を読んで、天才に触れよう。
ゼータ関数は、数論の基本的なテーマだから、「数論」と名の付く本には必ず出ている。筆者は次の本がとても読みやすいと思った。
加藤和也、黒川信重、斎藤毅、『**数論1〜3**』(岩波講座 現代数学の基礎18〜20)、岩波書店、1998年 ★★
なお、ζ(26)の値は次の本から採った。
W. ダンハム著、黒川信重ほか訳、『**オイラー入門**』(シュプリンガー数学リーディングス)、シュプリンガーフェアラーク東京、2004年★★
オイラーの研究に関する入門書として最適である。
英語の専門書では、次がある。どちらも、古典とされる本で、近年新しい出版社から発行された:
Titchmarsh, Revised by Heath-Brown, "**The Theory of the Riemann Zeta-function (Second Edition)**", Oxford Science Publications, 1986 ★★★★
Edwards, "**Riemann's Zeta Function**", Dover, 2001 ★★★
「ゼータ関数こそ宇宙だ」ということについて知りたい人は、次の本を読んで欲しい。教科書とは言えないが、数学の

入門書なので、全てを理解しようとすると苦労をすることになるが、カシミール（オランダ人だったとは知らなかった！）へのオマージュが心を熱くさせてくれる。
黒川信重、若山正人、『**絶対カシミール元**』、岩波書店、2002年　★★

バーチ、スウィンナートン=ダイアー予想については、特に参考にした日本語の本はないが、ここのところ楕円曲線に関する本がたくさん出版されているので、それらが参考になる。フェルマーの定理が証明されて以来、楕円曲線ブームの観があるが、楕円曲線自体にそれだけの理由があるのだ。

次の本は代数幾何学の入門書だが、楕円曲線やエル関数のことが書いてある。とても読みやすい。
上野健爾、『**代数幾何入門**』、岩波書店、1995年　★★

P対NP問題については、以下の本を参考にした。
西野哲朗、『**中国人郵便配達問題＝コンピュータサイエンス最大の難関**』（講談社選書メチエ148）、講談社、1999年　★
茨木俊秀、『**離散最適化法とアルゴリズム**』（岩波講座　応用数学15［方法８］）、岩波書店、1993年　★★

量子コンピュータ、特にショアによる因数分解アルゴリズムについては、上坂吉則、『**量子コンピュータの基礎数理**』、コロナ社、2000年　★★

ポアンカレ予想については、まず、次をあげよう。
H.ポアンカレ著、斎藤利弥訳、『**ポアンカレ　トポロジー**』、（数学史叢書）朝倉書店、1996年　★★

ポアンカレの位置解析（Analysis Situs＝フランス語です）に関する主要な論文を、斯界《しかい》の大家が翻訳したもの。今と用語などが違うので戸惑うところもあるが、トポロジーの開拓者の苦悩と気迫と凄さを感じることができる。斎藤先生は、「一種のポアンカレ・マニア」で、「老後の暇潰しのつもりで」昔読んだ論文をお訳しになったのだそうな。読む方も、ゆったりいきたいものである。

あとは、「位相幾何学」あるいは「トポロジー」と名の付く本で勉強することになる。３次元のポアンカレ予想に直接関係する本ではないが、著者の好きな本をあげると、

松本幸夫、『**４次元のトポロジー　増補版**』、日本評論社、1991年　★★

この本の旧版は、1979年に出ている。つまり、５次元以上のポアンカレ予想の解決から20年近くが経過し、３次元・４次元のポアンカレ予想へのアプローチが手詰まりになってきた頃である。しかし、出版された２年後に突如４次元ポアンカレ予想は解決され、増補版にはその解説が追加されている。

また、次の本もあげておこう。

W.P. サーストン著、小島定吉監訳、『**３次元幾何学とトポロジー**』、培風館、1999年　★★★

ホッジ予想についても、特に参考にした日本語の本はない。英語の専門書では、次が最近再版された。

Lewis, "**A Survey of the Hodge Conjecture**", American Mathematical Society, 1999　★★★★

ヤン-ミルズ理論について、一応、手元にある本から、まず物理の本をあげると、
九後汰一郎、**『ゲージ場の量子論（I、II）』**（新物理学シリーズ23、24）、培風館、1989年　★★★
はしがきに「ゲージ場の量子論は、非常に豊かな内容と精緻な構成をもった、人類の文化の素晴らしい創造物である」とある。ミレニアム賞問題に挑戦しないとしても、読んでみたいものだ。

現実の素粒子論への応用については、次の本が判りやすかった。
坂井典佑、**『素粒子物理学』**（物理学基礎シリーズ10）、培風館、1993年　★★
数学的アプローチに関しては、次の本が日本語で読めるが、かなりの覚悟が必要だろう。
N. ボゴリューボフほか著、江沢洋ほか訳、**『場の量子論の数学的方法』**、東京図書、1972年（「公理論的アプローチ」）★★★★
江沢洋、新井朝雄、**『場の量子論と統計力学』**、日本評論社、1988年（「構成的場の量子論」）　★★★★
英語であれば、できるだけ数学的に厳密に展開した物理の本として、
Glimm & Jaffe, **“Quantum Physics, A Functional Integral Point of View (Second Edition)”**, Springer, 1987　★★★★
がある。ただし、最近は入手しにくいようだ。

ナヴィエ-ストークス方程式は、「流体力学」と名の付く本には必ず出ている。個人的には、今井功の本が好きである。

次の本は、くどいほど丁寧に書いてある（だから、後編は出てない）ので、逆にとても味がある。
今井功、『**流体力学　前編**』（物理学選書14）、裳華房、1973年　★★

英語で挑戦する気があれば、数学的にもしっかりした入門書がある。とても読みやすい。
Chorin & Marsden, "**A Mathematical Introduction to Fluid Mechanics (Third Edition)**", Springer, 1998　★★

方程式自体の性質ということになると、次の本が基本的である。
Teman, "**Navier-Stokes Equation**", American Mathematical Society, 2001　★★★★

この本は、最初1984年に出版された本だが、2001年に「20世紀におけるナヴィエ-ストークス方程式」という、最近までの研究を解説した章を追加して出版された。この本は英語であり、いくらなんでも本格的過ぎるが、しかし、少し詳しく知りたいと思うと日本語の本はないのが現状である。もっとも、サワリだけなら次の本で読める。（が、その先に進もうとすると、上の Teman の本を読まざるを得ないようだ）
岡本久、藤井宏、『**非線形力学（第Ⅰ部　流体の運動と力学系）**』（岩波講座　応用数学19［対象５］）、岩波書店、1995年　★★
岡本久、中村周、『**関数解析（第10章　流体力学への応用）**』（岩波講座　現代数学の基礎６）、岩波書店、1997年　★★★

本書と同じブルーバックスにも関係する本がある。それらはカバーに紹介してある（に違いない）。

さくいん

【数字・アルファベットほか】

【あ行】

【か行】

【さ行】

【ま行】

【や行】

【ら行】

【わ行】

N.D.C.410　198p　18cm

ブルーバックス　B-1429

数学《すうがく》21世紀《せいき》の7大難問《だいなんもん》

数学の未来をのぞいてみよう

2004年1月20日　第1刷発行
2022年9月6日　第11刷発行

著者　中村《なかむら》　亨《あきら》
発行者　鈴木章一
発行所　株式会社講談社
〒112-8001 東京都文京区音羽2-12-21
電話　出版　03-5395-3524
販売　03-5395-4415
業務　03-5395-3615
印刷所　（本文印刷）株式会社ＫＰＳプロダクツ
（カバー表紙印刷）信毎書籍印刷株式会社
製本所　株式会社国宝社

ISBN4-06-257429-2

発刊のことば

科学をあなたのポケットに

二十世紀最大の特色は、それが科学時代であるということです。科学は日に日に進歩を続け、止まるところを知りません。ひと昔前の夢物語もどんどん現実化しており、今やわれわれの生活のすべてが、科学によってゆり動かされているといっても過言ではないでしょう。

そのような背景を考えれば、学者や学生はもちろん、産業人も、セールスマンも、ジャーナリストも、家庭の主婦も、みんなが科学を知らなければ、時代の流れに逆らうことになるでしょう。

ブルーバックス発刊の意義と必然性はそこにあります。このシリーズは、読む人に科学的に物を考える習慣と、科学的に物を見る目を養っていただくことを最大の目標にしています。そのためには、単に原理や法則の解説に終始するのではなくて、政治や経済など、社会科学や人文科学にも関連させて、広い視野から問題を追究していきます。科学はむずかしいという先入観を改める表現と構成、それも類書にないブルーバックスの特色であると信じます。

一九六三年九月　野間省一